同济大学出版社

景观的连接

THE CONNECTION OF THE LANDSCAPE

安道设计 / 编著

我们不是生活在一个物理空间里面
而是生活在一个个充满意义的“地方”

序一

LANDSCAPE BOUNDARY

景观的边界

/ 曹宇英 *

自 2001 年成立起，安道已经进入发展的第二十个年头。我们也从一家专注于景观设计的公司成长为国内大型创意设计平台之一，设计的专业跨越了景观、建筑、艺术、文创等领域。在这二十年中，我们一直在思考：景观的边界在哪里？景观如何在未来的时代创造更多的价值？

今天，我们提起景观，很多人还是停留在花园、公园、风景园林的概念。这是一种狭隘的理解，也是因为长期以来景观学科的传统范围一直拘泥于刻意地设计自然，以及迎合视觉化的装扮空间和图画般的观看方式。这在很大程度上限制了景观学科的发展，贬抑了学科的价值。

我们去某个国家、城市、景点、乡村，经常会听到人们发出"这里的景观好美"的感叹，这样的感叹往往并非仅源于当地的自然景观，而是当地的人文环境、生活状态、精神格局等综合要素带给人们的感知、记忆与想象。此时，景观既指向了空间、物质和环境的特征，又包括了日常生活的事件——所有人类时间与场所连续在一起的事件和活动，景观的概念也就跳离出传统的自然概念和美学的代名词，景观使物质与精神、本质与想象、空间与社会等互动起来，景观的意义也从狭义的空间延伸到环境和社会生活的综合。

* 曹宇英：Antao 安道设计总裁、董事长。美国建筑师联合会会员、美国景观设计师协会会员、美国绿色建筑委员会会员。长期致力于以景观的跨界思维对中国城市规划和建筑设计的可持续发展进行研究，并结合景观设计学的发展趋势，提出了"幸福设计"的理论。曾荣获"2018 浙江年度创意经济人物"等称号。

很多时候，设计师、开发者和管理者总是将景观看作一个客体、一个事物，仅仅从视觉上、美学上去关注景观，而日常居民对景观的体验总是在一种非刻意的状态下，更多的是通过一种生活和使用习惯，他们对场所的生动印象更多的是与可感知的意义关联而并非视觉和美学，这一矛盾，促使景观成为深度美学化的客体，也让景观在很长的历史中，履行和扮演了建筑物之间的缓冲和建筑的基地角色与背景。同样，景观的创新更多的与形态、与空间相关联，这也让景观学科逐渐变得灰暗，成为没有应许的未来。

我们需要从本体重新定义景观，重新审视景观的价值和思考学科的未来。与其他设计学科相比，景观是一个年轻的学科，而中国的景观更是近几十年来才引用的学科概念。其实，传统园林在中国的发展已有几千年的历史，景观学科已经远远超越园林的文化意义实践，更是关于我们生活中物质、文化和社会的综合学科，景观的未来依赖着更多的从业者以崭新的方式来想象这个世界。在保持景观学诞生崇高含义的同时，通过整合各种设计的学科和工具，对人居问题提供全面解决方案与策略，使城市和景观朝着更美好的未来进发。

《景观的连接》是继《幸福景观》出版五年后的一本关于景观边界探索的作品集，我们以“城市再生与美好生活的连接”“乡村与未来生活方式的连接”“社区营造与日常生活的连接”“传统文化审美和当代美学的连接”“公共艺术与游戏地景的连接”“未来教育与学习场景的连接”“品牌与生活场景的连接”等七个篇章来阐述我们的实践与思考。其中很多观点和案例也许有些生涩和稚嫩，但仍希望能给我们的行业和从业者，以及热爱生活和设计的同仁们带来一些有意义的参考与借鉴。同时，这也是对我们二十年来的发展做一个总结。

2020.10.1.

序二

VISIBLE SPACE AND INVISIBLE CONNECTION

看得见的空间与看不见的连接

/ 赵涤烽 *

在过去的二十年里，与城市公共空间和人居环境密切相关的现代景观设计，在中国取得了长足的发展，这直接促成了安道在业务规模和品牌建设方面的积累。但在市场发展到一定程度的时候，作为先行者之一，我们需要反思一下过往的历程，哪些实践受到了客观条件的制约，又有哪些观念能够具备对未来趋势的正向指引？

安道设计集团是一家国内领先的以景观和建筑设计为基础，在商业空间策划、装置艺术创作、生活文创开发等领域形成多维发展格局的设计集团，总部设于杭州，在上海、武汉、香港、深圳等城市设有分支机构。旗下拥有 500 多名设计师及多个跨界子品牌，且其内涵仍在不断地丰富和发展之中。

如果说建筑设计成果能够直接通过物质空间来换算成价值交易（通常意义的单价和坪效），景观设计成果的价值判断则显得微妙。相对于建筑学的主体位置，景观的客体身份更加明显，它的表现更像是一个综合环境的促进者，而不是交易计量的核心。但随着这种促进作用愈发明显，放眼现在任何一个新建社区、任何一处城市更新、任何一座文化设施，相信没有一个人敢忽视景观的价值。

一旦将这种“促进”作用视为某些关键价值的“连接”，就使得我们的实践既不能被简单地理解为图纸交易，也不能用纯粹的学科界限去加以归纳。举例而言，景观首先是城市空间的连接，而不是填充。珍惜每一个城市空间，让它发挥多样的价值，成为景观本身的使命。同时，景观也反映了与艺术的连接，它是可触摸、有温度的，艺术的连接让我们的日常生活变得更丰富。再者，景观更是与自然的连接，在人类的建成环境里，与自然再接近一些，

* 赵涤烽：安道设计执行总裁、董事，美国景观设计师协会会员（ASLA），《景观设计》《国际新景观》《园林》编委。

鼓励人们享受室外活动，是一种可持续的观念。此外，景观也是与情感的连接，它建立着人与环境的趣味和认同……设计不仅要解决看得见的“空间”，更要促进看不见的“连接”——这个思维的演进，贯穿了安道设计迄今为止的全部历程，安道也非常愿意把它与行业分享。

2001—2011 年：安道作为中国景观设计行业的先行者

在世纪之交，景观在中国的概念还仅限于“风景园林”的学科范畴。安道与一批同行一起，共同将现代景观设计学应用到商业地产景观市场，成为这个领域的先行者。在这个时期取得发展的景观设计机构，立足于理解中国城市化对社区环境的改善需求，因而赢得了市场先机。

2010 年，安道成立景观建筑研究中心，推动知识体系的研发思考。2011 年，著名学术期刊《时代建筑》为安道出版了别册《走向大景观》。随后，安道连续在地产风向标《时代楼盘》杂志开设多期度假社区专栏，探讨设计实践。

这个时期的景观行业大致有两种观念倾向，一种是以北京大学俞孔坚教授和土人设计为代表的“理论探索实践派”，他们比较注重西方现代景观理论在中国公共空间的探索；另一类是以安道、泛亚、奥雅等大型设计机构为代表的“城市地产实践派”，比较注重在地产项目中实现人居环境的进步。

而在安道，“建筑景观一体化”的概念正在形成雏形。安道做了一个管理试验，就是取消了建筑部、景观部的划分，实行项目制和全员项目经理制——每个项目针对性地选出最合适的设计人员组成项目组，由具备较强判断力、高素养的审美观和包容心态的人担任项目经理，进行项目控制和交付。这个举措在当年不能说是成功的，但现在回想起来意义非凡。

2012—2015 年：安道作为中国景观设计行业的引领者

在确立以主流景观设计为业务方向之后，安道在公司管理模式上开启了一系列探索，向国际上成熟的大型设计机构看齐，如 AECOM 和 SWA 等。这个时期，公司各个层级的管理者都在积极地思考管理思维能够为企业带来什么，并连续开办了多次“设计管理工作坊”。公司呈现出两个现象：一是人员规模稳定扩张，二是专业能力持续进步。“专一创造独特价值”成为安道的企业标识。

在这个阶段，安道有三个重要事件值得铭记：2013 年，安道第一本著作《景观的智慧》由凤凰出版传媒集团出版；2015 年，安道进行了品牌视觉体系的重构；2015 年，安道成为第一家新三板挂牌上市的景观设计机构。随着公司的扩张，对“景观”这个概念的理解，也呈现出一些演化。例如我们在书中提及：衡量一门实践学科的地位，要看它以多大的智慧去处理与它相关的学科和利益体的关系。景观与商业价值、景观与城市规划、景观与建筑、景观与人……面对这些交织的关系，景观的意义就在于作为一种容纳和安排复杂城市活动的载体，为其他利益单元的协同平衡提供更好的可能性。

站在整个行业视角，有两个观点得到了越来越多的共识：其一，以景观作为视角能更好地理解和协调城市发展过程中的不确定因素；其二，景观作为载体介入城市的结构，已经成为重新组织城市空间形态的重要手段。这就为下一阶段的转型奠定了认知基础。

2016—2018 年：安道作为整合创意与创新设计的变革者

2015 年地产行业经历一段波折之后，整个设计行业的生态系统和竞争格局也开始加速变化。而就在很多同行逐渐退出设计行业的同时，安道却利用整合

能力与协同效应，极大拓展了设计所能触及的边界和价值。安道设计衍生出多个子品牌，例如：AHA 是以装置艺术为核心的创意品牌，取意人类发现不同寻常的事物所发出的惊叹；ZAN（赞建筑）是安道全新成立的建筑师团队，在乡村和城市更新领域获得了品牌空间；“16 号星球”是安道对其办公场所的昵称，并由此派生出文创空间的副品牌。

公司的人员规模也在这个时期超过了三百人，成为中国最大的创意型景观设计机构。此阶段最重要的里程碑事件有三个：一是安道的第一本概念图书《幸福景观》出版，为普遍激进的行业注入新鲜的理念；二是安道总部搬入“16 号星球”，奇幻、开放、趣味的空间成为安道形象的新代言；三是 2018 年的米市公益夏令营，它为中国城市微更新探索新的出路。

在解决了基本的物质需求的后城市化时代，设计真正的魅力也许不再是功能和逻辑，而是为生活平添一份独特的幸福感。在环境之中但凡可供感知的物质因素，大多与景观设计息息相关。如果设计将“幸福的情感”作为一种目标，就可以重塑人对环境的满足感和参与度。安道将企业的新家命名为 A NATURAL PARK（16 号星球），这个微妙的昵称饱含着对土地（Earth）的尊重：城市、建筑、景观，无不植根于大地，Earth 既是我们工作的对象，也是我们保护的对象。在过去二十多年激进的中国城市化进程中，难免存在对环境不同程度的破坏，而安道的总部，试图通过设计去表达对人类赖以生存的大地环境的反思和敬意，也承载着对未知事物的兴奋和想象。

米市公益夏令营是安道持续五年的公益夏令营的新一站。在中国进入后城市化的时代，米市巷的问题并非单个社区的，也是中国城市旧区更新的普遍困难。面对这样的困难，工作营的团队没有丝毫退缩。卵石小径、手绘的墙面、

精致的路灯，设计师为单薄的空间增加了丰富的细节。我们可以想象，如果孩子们从小就生活在一个充满细节之美的社区，他们的心灵也是细腻的；如果孩子们发现设计师们如此用心地改变社区环境，经过岁月的积累，这种价值的传递是无量的。

2019—2025 年：安道作为当代美好生活的设计与实践者

未来很难预测，所以比起之前三个阶段的回顾，安道正在步入的第四阶段并无任何可以参鉴的先例。很多人问我们：当代美好生活的设计与实践者，面对这样的战略目标，你们还是不是一家设计公司？这个问题很难回答，因为涉及对“设计”二字的诠释深度。如果把设计理解为解决问题、交付图纸，那答案当然不是；而如果把设计理解为连接创意思维与实体环境的智力服务，那答案始终都是。

在安道成为品牌集群之后，我们发现世界变得宽广。影视制作、自然学堂、设计工坊、运动竞赛，都在 16 号星球发生了。仅仅在两年前，我们很难想象，插画师、策划师、玩具工匠、创意餐厅、装置艺术家，可以和景观建筑师在同一个屋檐下共事。而如今，大家在一起享受工作的幸福，成为再自然不过的连接。概括地说，引入互联网思维，将设计理解为连接城市、自然、人文和艺术的关键路径，是安道目前最重要的转型。

将文旅运营、自然教育、商业 IP 与产品研发、乡村营造、生活文创融入既有的设计业务之中，形成零界时代的多维产品线；同时，重视城市开发的存量经济，将设计创意注入市场需求，激发城市更新的价值，是我们正在实践的具体步骤。

目录 CONTENTS

05 | 艺术介入生活

06 | 学习社区：面向未来教育的空间

07 | IP 时代

Cha.01

INITIATE URBAN RENEWAL
WITH REGENERATION AND
PUBLIC AWARENESS

第 1 章

以再生与公共意识
启动城市更新

中国的城市经过近30年的高速发展，已经到达了一个临界点。大规模的空间增长在未来不可持续，未来城市建设和发展的重心，亦无法通过“大拆大建”来表达城市的愿景。

“城市更新”这一概念开始转向为一种发展模式和空间模型的转换方式。

传统意义上，“城市更新”就是从旧到新，即把旧的存量空间拆掉，建设新的建筑及景观。然而这种“大拆大建”的更新模式，却往往因为资本与利益的诉求，导致在地方文化性上的断裂。“城市更新”在某种意义上被视为负面名词。但庆幸的是，“城市更新”已在慢慢转变为“城市再生”。越来越多的人认识到：城市更新不仅涉及空间新旧转换的问题，还涉及城市发展模式的重构。而新的“城市再生”的更新模式，可以全面地影响到空间形态、空间内容、社会文化、功能业态、新型产业和未来的生活方式，是从纯粹的空间层面转向社会学意义层面上的思考与实践。

城市更新不只是建筑学、景观学和城市规划的问题，更多的是需要去构建一种新的生活方式、生产方式和消费方式，去催生一个新经济的增长点，推动空间价值体系的再生产，以及转变城市区域空间及城市发展模式。

“城市更新”可以不是一件宏大的叙事，相反它可以是一种针灸式的点穴，以点状甚至是介入式的微更新来促进片区的活力，重塑城市的精神与地方的归属。我们以“再生与公共意识启动的城市更新”为目的，以建筑更新、公共空间更新、地方营造、文化事件为触媒，整理了从16号星球、青岛中车四方机车厂、武汉长江二桥、良渚文化村，到兴业街园区、“光影万象”艺术展、上海彩虹步道等各种类型的城市更新案例，共同去探索城市更新的未来之路。

第 1 章
以再生与公共意识启动城市更新

A NATURAL PARK

自然的乐园

城市中的建筑和基础设施如同巨型的构筑物，隔离了自然、文化与社交。我们的目标是将盒子打开，引入光、风、树、自然和生命，让工作、创意、社交、休憩与自然融为一体。

50 年前的杭州城北，是一片老工业区，而如今它已在城市现代化建设的步伐中成了工业遗迹。乘公交车在纺机厂站下，旧时的杭州纺织机械厂，已经转换了身份，变成了如今的经纬创意园。安道就在这里选择了一幢厂房作为新的总部办公。

厂房所在编号为 16，因此我们将安道总部命名为“16 号星球”，希望将这里变成一个美好的小小世界。16 号星球的英文是 A NATURAL PARK，直译是“自然公园”。我们希望将户外的自然公园植入厂房。于是，我们掀开屋顶，阳光洒进，让其生长成一个集城市雨林、蘑菇乐园、咖啡简餐、自然博物馆、艺术展厅、书吧、手作区、木工房、文创销售、发布厅、种植花园为一体的复合功能空间。

16 号星球不仅成为安道的自然空间、园区的活力客厅，甚至成为了杭州北部一个充满自然神秘的社交和创意空间、小红书、微信上的网红打卡点。在这里承办的车展、时装秀、艺术秀等活动，更进一步促进了各种社群的产生，为新时代下的工业遗址带来了回春的能量。

安道总部:16 号星球

- 浙江杭州下城区 / 3000 ㎡ / 2016 年 / 安道设计
德国 ICONIC AWARDS 标志性设计奖 2019 / 美国建筑大师奖（Architecture MasterPrize）2019
/ ABB 欧洲杰出建筑师论坛奖（LEAF Awards）2019 入围 / 德国设计奖（German Design Award）2019

▼ 在旧的混凝土框架结构之上，一种新结构由内而外地生长起来。横向上，钢结构围合出中庭、吧台、工作区等不同的空间；而纵向上，一段木质楼梯连接起二层和三层中庭。

公共艺术
SOFT DECORATION
PLANNING
SPACE 商业空间

▲ 工作累了，有个院子“沾花惹草”，真好。

▲ 雨林、树蛙、化石、蜥蜴……惊喜远不止这些。

▲ 车展、时装展、艺术秀……16 号星球已成为杭城北创意生活基地。

第 1 章
以再生与公共意识启动城市更新

HAPPINESS FACTORY

幸福工厂

将工业遗产以“博物馆式更新”策略来打造，续写这座幸福城市的新篇章。

青岛，中国最具幸福感的城市之一。阳光、海岸、啤酒、帆船，惬意而悠闲浪漫的时光，是这座城市幸福的底色。

青岛也是中国最具现代文明的城市之一。120 多年前，中车四方机车厂落地胶州湾畔，新中国成立后，这里成了中国火车头的摇篮，成为青岛工业的发源地，成为民族工业的先行者。1952 年，受到朱德总司令“造出了自己的国产机车”的鼓励，这里开启了中国制造的新篇章。新中国第一台自主研发并制造的蒸汽机车在这里组装并试运行，第一台内燃机车、第一台东方红列车等相继在这里诞生。

随着岁月的变迁，城市功能的迭代，这座百年峥嵘岁月凝练成的老厂房变成了时光的记忆。我们用“幸福工厂”的概念来改造这片工业遗址，灵感正是源于火车。火车不仅给城市带来发展商机，更承载了一代又一代年轻人对美好生活的向往，承载着城市与城市、城市与乡村的情感连接。一列列的火车，正如承载着幸福生活的移动盒子。中车四方机车厂，这个曾经制造幸福盒子的工厂，将再次变身为幸福生活的源泉。

我们以工业遗址“博物馆式更新”策略来打造幸福工厂，将原来的 4 条生产线改造为博物馆、展览、休闲、文化等功能集聚的综合艺术区域。在保留工业遗产优势的同时，将其打造成为集工业博物、文化展览、创意经济和休闲娱乐为一体的综合活力区。

我们希望通过再生的手段让中车四方机车厂成为促进青岛城市活力的引擎，带动周边老城区的发展。让工业遗存串联人们情感，让承载着几代人集体记忆的工业文化融入未来的城市生活，让工业文明为城市的永续发展注入全新的活力。

▼ 改造后鸟瞰图。（效果图）

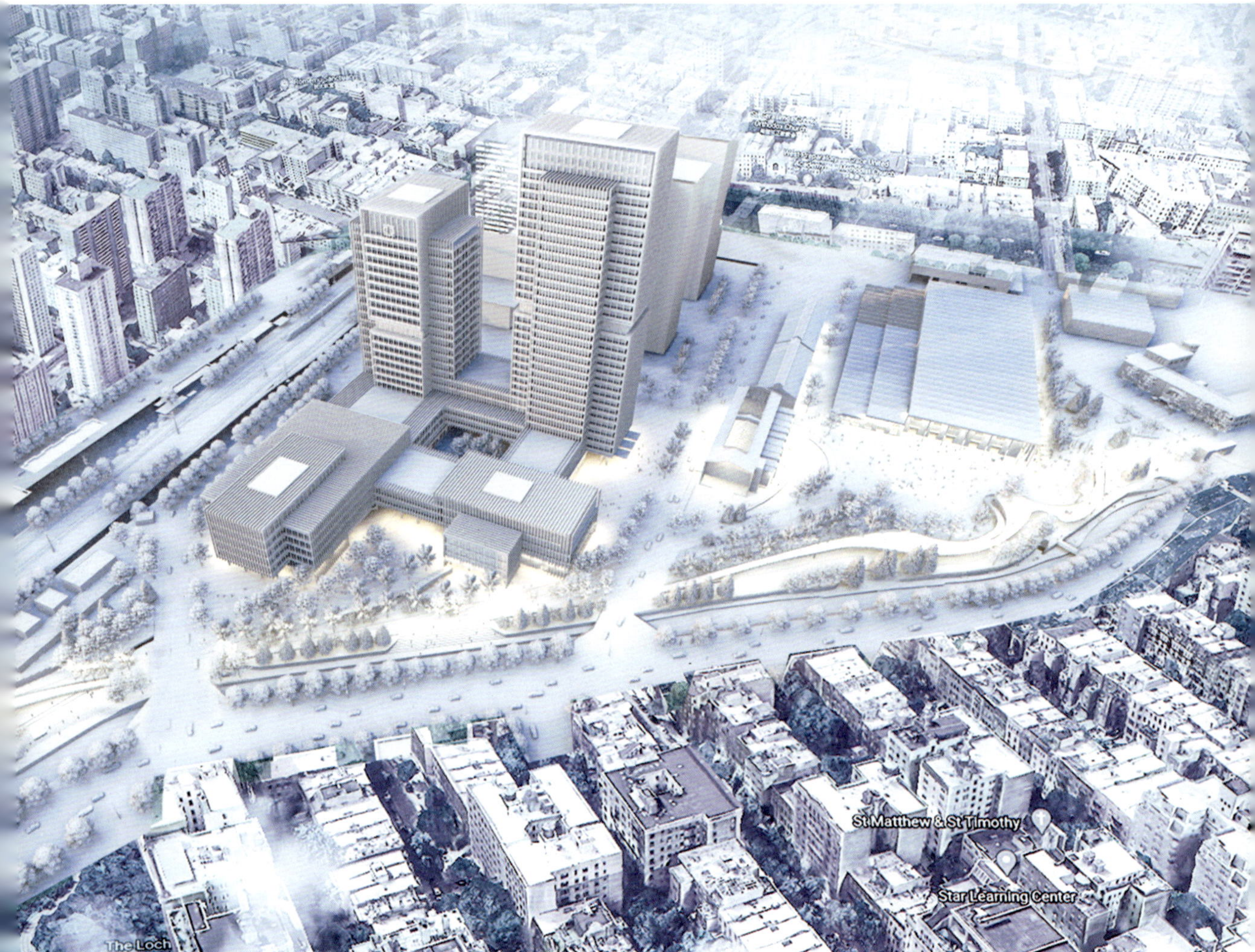

青岛中车四方机车厂

- 山东青岛 / 28531 ㎡ / 2020 年 / 中车科技园（青岛）有限公司

◀ 改造前。

◀ 改造后。（效果图）

▲ 沉寂的厂房变成所有人共享的综合悠闲娱乐区。（效果图）

▲ 百年峥嵘岁月凝练成的老厂房，依然拥有幸福的底色。（效果图）

THE CITY LIVING ROOM BY THE YANGTZE RIVER

长江左岸的城市客厅

公共与生活的诉求，推动着城市的更新，实现了一种在地性与生活性相结合的积极城市体验。

20 世纪 80 年代，巴黎政府对塞纳河左岸进行改造，造就了今日塞纳河左岸的浪漫风情。而如今，长江也有了自己的左岸右岸。

对于武汉人来说，长江不仅是风景，更是生活。江水，将武汉划分为三镇，见证着武汉的风雨变迁，也造就了武汉码头文化的精神与风骨。在码头文化的滋养下，武汉人硬朗豪爽，但遇见长江，也有柔情的一面。车在城市里穿行自由，桥在流光下发出点点光亮，江水继续不停地流淌，而人在吹着温和晚风的夜里散步。

2017 年春天，武汉长江左右岸大道项目建设方案公布，我们要做的是左岸景观改造的首个落地项目，该项目正位于长江二桥的下桥处。这里原本是一处消极空间——老武汉一家粤式餐厅的停车场。我们将武汉的城市元素融入场地中，抒写着延绵已久的江与城的故事。

长江左岸右岸的景观改造，对于武汉人来说，不仅是城市景观的变化，更是回答如何与长江相处共生的答案。四季更迭，这里有年轻的妈妈带着孩子前来散步，有退休的爷爷领着孙女放学回家，有小情侣带着狗狗打卡拍照，也有老夫老妻相互依偎着、吹着江风。我们期待着，这个项目给在武汉生活的人们，带来更多的幸福片刻。

▲ 在这里，与家人与朋友，享受悠闲时刻，拥有长江边的慢节奏生活。

武汉长江二桥桥下景观改造

- 湖北武汉长江二桥 / 8623 m² / 2018 年 / 武汉市规划院、武汉万科房地产有限公司

▲ 改造前项目区位。

▲ 改造前现场状况。

▲ 白色花坛上，被黑色砾石围合的纪念性水景，被打造成一个具有参与性、
互动性与观赏性的“深邃镜面空间”。

大型车

▲ 在建筑外围，对江水的波浪进行了结构概括，生成了具有序列感的柱状浪花，节节起伏。

▲ 水景中倒映着城市，也倒映着生活百态。

第 1 章
以再生与公共意识启动城市更新

THE LOCAL WAY TO BUILD LIANGZHU NEW TOWN

良渚文化村的地方营造之路

良渚文化村是一个至今仍在叙述的故事，20 年前，良渚文化村是中国田园城市的范本，20 年后，它是中国幸福生活的样本。

20 年前，良渚文化村开启了中国田园城市的范本。经历了 20 年的岁月沉淀，原有的老旧配套已无法满足居民当下的生活需求。社群之间草木葱郁的公共公园，如今多了一些静谧，少了一些活力。

值此 20 周年之际，万科启动焕新计划，委托我们对老社群的公共空间进行微更新改造，希望为村民提供更实用更舒适的公区环境。在这些草木葱葱郁郁、万物自然和谐、承载着村民们美好回忆的场所，万科和我们达成此次焕新的共识——隽永。不做粗糙的东西，做好修缮，保留自然的肌理，活动器械全部更换为安全稳固耐用的设施。

结合村民意见、公区使用频次调查及投诉痛点分析，我们焕新了白鹭公园、滨河公园、茶语公园和矿坑公园等处，焕新了球场、跑道、园路和照明，更换了标识和座椅，增加了更多的童玩和健身器械，改善了矿坑公厕。在尊重原有空间脉络的基础上，我们将更多的关注放在“人”的身上，让人更有体验感和舒适感，让人的生活更多样化，让良渚文化村因为人的连接，变得更有情感、更有温度。

焕新工程完工后，公园里的人多了起来，焕发出了新的活力。村民们由衷地感叹：“这个公园改得真好！”冬日暖阳下家长和小朋友尽情嬉戏，整个场地被欢声笑语包围，理想社区渐渐有了真实的模样。

建筑可以仿造，景观也可以照搬，然而社区里这种自然、丰富、多样的生活状态，却很难复制。这个历史底蕴深厚、自然环境优美、邻里关系和谐的地方，已经不仅仅是一个社区，更成为一个地标，成为都市生活里一种特别的存在。

良渚文化村 20 周年焕新

- 浙江杭州良渚文化村 / 8623 ㎡ / 2020 年 / 杭州万科集团

▼ 动感篮球场激活了沉寂的空间，公园充满了活力。

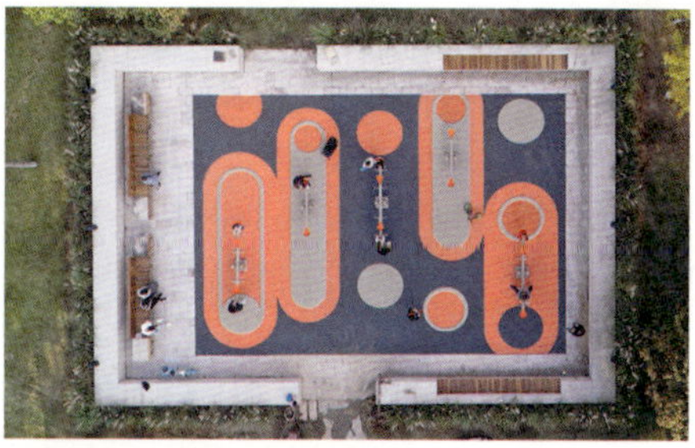

▲ 良渚文化村公共区域环境改造前后对比图。

▲ 孩子们在聆听精灵耳语。

▲ 改造后的秋千乐园，“100 岁以下的儿童”都无法抵挡其魅力。

第 1 章
以再生与公共意识启动城市更新

URBAN CREATIVE LIVING COMMUNITY IN THE FUTURE

未来城市创意生活社区

具有魅力的公共空间，促进创意的产生。让创意成为推动未来城市发展的引擎。

一座城市的魅力，必定显现在无处不在的公共开放空间。有趣的公共空间吸引各种人群的进入，促成思想交流，而思想又进一步推动城市的进步。比如英国的谢菲尔德，有一座开放的冬季花园，它与旁边的千禧画廊一同成为城市心脏与绿洲，驱动着城市创意与休闲经济的发展。同样，在美国纽约的华尔街，这条 500 米长的开放街道，聚集了世界最大规模的金融从业者，为纽约创造着不可估量的 GDP 神话，成为一个高品质的城市创新生态聚落。

如果杭州有一处这样的创意公共空间，会给城市带来怎样的惊喜？我们决定在杭州城北做一场实践。杭州兴业街的数字产业园，原来是公交集团的维修厂，我们希望通过更新创造一处能吸纳各种创新创业文化活力聚集的场所，成为杭州城北的创意中心。

我们的实践场所在两幢废弃厂房中间一条宽约 12 米的荒芜通道上。通道侧面的一面墙体被部分拆除，阳光透过顶部的膜结构洒落下来，各种繁茂的植物在这里生长，并延伸到建筑内部。零售、餐饮、展示功能被融入空间之中，形成具有独特魅力的社交空间，鼓励年轻人进入，激发活力思想的迸发。

▲ 这里从沉寂的厂房，变成所有人受益共享的城市生活空间。（效果图）

▼ 老厂房的一面墙被拆除，斜面从地面直接延伸到建筑的二层，其上种满各种植物花草，阳光透过屋顶的膜结构洒落下来。（效果图）

兴业街厂房改造

- 浙江杭州下城区 / 15000 ㎡ / 2020 年 / 杭州兴中圆控股集团有限公司
德国 ICONIC AWARDS 标志性设计奖 2020 / 美国缪斯设计奖（MUSE Design Awards） 2020 / WAF 世界建筑节 2020

▲ 屋顶的膜结构让阳光随意地洒下。（效果图）

▲ 改造前。

▲ 两幢废弃的老厂房和一条荒芜的通道蜕变成可让不同群体共享的城市生活空间。（效果图）

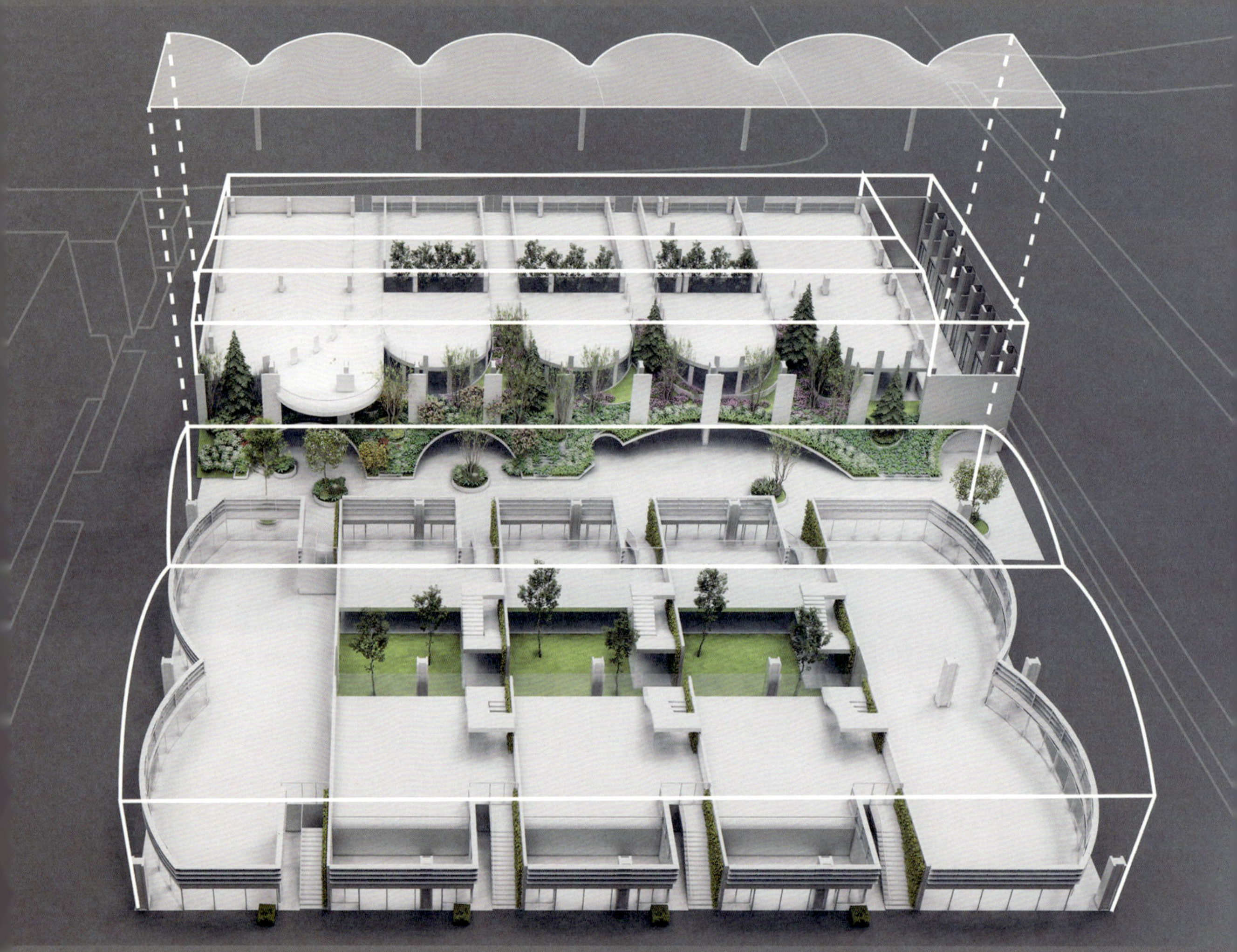

▲ 剖视图。

CREATE AN URBAN LEISURE LIFE DESTINATION

打造城市休闲生活目的地

独特的自然、历史与文化，不仅可以为人们提供不一样的活动和交流空间，同时也有希望成为具有地域特色的城市目的地。

做项目复盘的时候，我们发现重庆的项目落地效果是最好的。其中原因大概在于重庆独特的自然地貌与历史文化的魅力。

重庆是一座站立的城市，它的自然地貌，让平原城市都黯然失色。这里的梯坎、高楼、青山、江水……酝酿出重庆独有的地域与人文特色。从《疯狂的石头》到《从你的全世界路过》的电影宣传，还有如今抖音等社交媒体的传播，重庆已凭借其特色成为网红旅游城市。在重庆打造一个公共空间，受益于它独特的自然、历史文化和网红特质，无须我们做太多，它自然而然会成为一个受欢迎的城市休闲生活目的地。

所以在这个有着 22 米高差的临江项目中，我们最需要做的，就是在不同的断面上进行更加多维的视线角度和层次关系的推敲，考虑“看”与“被看”的关系。下山，在低处看山峦草木层层叠叠，白云淡泊闲适；上山，在高处看长江汩汩穿城而过，城市灯火阑珊。

其中蕴含的山、水、城和人的哲学关系以空间视觉的方式呈现出来，层叠的空间关系也映射着这座城市的多元文化和向上生长的力量，它展现的精神面貌是积极的。所以我们做一个“站立”的临江空间，也希望在当前“丧文化”流行的环境里，给在这里游览的人们带去一些积极的能量。

▼ 我们设计的场地紧邻长江，边上的沿江步道常有市民跑步健身。

重庆中海十里长江

- 重庆南岸区南滨路 158 号自贸总部经济区旁 / 17745 m² / 2019 年 / 重庆嘉江房地产开发有限公司
美国缪斯设计奖（MUSE Design Awards） 2020 / GFDA 全球未来设计大奖 2020

▲ 重庆人的生活，就像坐在这悬浮的眺台之上，静静观赏城市美景，偷闲一隅也悠然，寄情山水独逍遥。

▲ 入口广场用水声化解临江车道的噪声，也恰好与对面的江水流淌形成了某种程度上的共鸣。

PLACE-MAKING RESHAPES URBAN SENSE OF BELONGING

地方营造重塑城市归属感

创意式地方营造（Creative Place-making），鼓励更多的社区居民、创意人士甚至艺术家，参与到城市设计当中，不仅活化了空间，更重塑了地方精神和城市归属感。

被居民们称为“最美回家路”的彩虹通道，是由金地华东区域发起，上海南翔政府支持，由安道 AHA 团队主持设计的公益性公共空间项目。这个项目旨在联合多方力量用创意式地方营造的方式去激活空间，重塑社区精神。

“黑，令人害怕”“夜晚的时候冷冷清清”“没有光亮”…… 在采访时，当地一名居民这样形容这片场地。 金地格林世界的居民上班和归家都需要经过高架下这个狭窄的桥洞，这里在晚上一片漆黑，让人感到害怕孤寂。光是这个荒芜的桥洞最缺少的，同时，标志性的缺失，也让外来的客人无法找到通向社区的道路。

我们希望去创造一条幸福的回家路，让它成为居民们每天新旅程的开启点，并由此激发居民们共同的地方归属感。在顺应桥洞间折线道路上，我们用 64 列渐变色彩的构架形成一条光彩绚烂的彩虹通道，夜晚在灯光下，更是斑斓如童话世界。很多居民说，这是一种温暖的色彩，如儿童的简笔画，单纯、美好又浪漫。

彩虹通道，不仅让居民们感受到了光与温暖，更是吸引了周边上海市民们的参观与拍照，成为一条连接社区和南翔地铁站的独特风景线和南翔的景点。

▲ 通道位于上海南翔地铁站与金地格林世界格林公馆之间，是许多人回家的必经之路。

上海彩虹步道

- 上海 / 2018 年 / 金地华东区域公司

▲ 64 根柱子顺应桥洞间的折线道路序列形成七彩渐变色，让一条连接金地格林世界社区和南翔地铁站的回家路变成独特的风景线。

▲ 改造前。

CULTURAL EVENTS ARE CATALYSTS FOR URBAN REGENERATION

以文化事件为触媒的城市再生

一直以来，举办以文化活动为主题的大事件是一个以文化导向城市再生的方案策略。

文化大事件指的是以文化艺术活动为核心内容的一系列活动所构成的大型城市事件，近年来，它被越来越多的城市和地方作为区域再生的契机和策略。文化事件的活动赋予了空间新的内容，推动了场所的精神再造及旅游和文化创意产业的发展，同时促进了社会的融合与城市形象的重塑。

2018 年，我们接到中国美术学院的邀请，共同来策划一场以“光”为主题的艺术盛会。南京市江宁区政府希望以这样的活动来提升区域城市的吸引力。我们开始向世界 100 多位艺术家发起邀请，最终收到 84 件作品。而最终入选的 31 件作品，以“光之梦”“光之彩”“光之诗”三个主题，“镶嵌”在杨家圩公园边的秦淮河风光带。

这次通过政府、高校、第三方机构和艺术家个体共同完成的项目，不仅培养起了市民的文化生活和文化消费的习惯，更是透过活动本身，连接起了人和人、人和城市、城市和历史的关系。而场地中的作品，在活动后成为公园的景点和内容，也激活了原本失落的空间，创造了新的场所精神。

秦淮河国际光影艺术展——光影万象

- 江苏南京江宁区 / 2018 年 / 中国美术学院承办、安道 AHA 团队协办

▲ 作品《在这里你将大放异彩》，光芒的中心是一个人的虚空间，观众站在这个位置即可触发互动机制：七彩光线依次向外放射，光线引发的奇幻艺术效果让你在此处大放异彩。

▲ 31 件作品在秦淮河杨家圩河段展出。

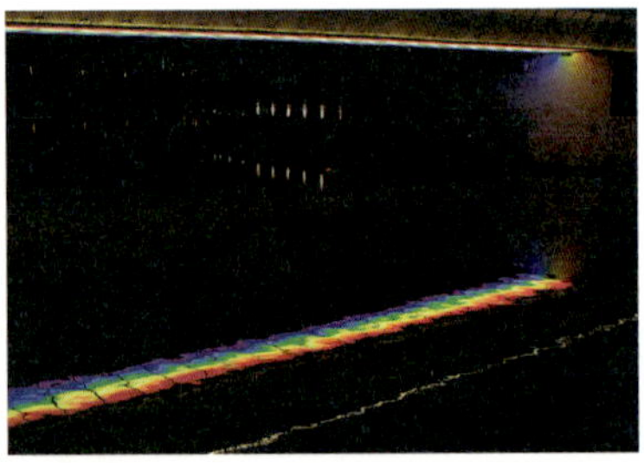

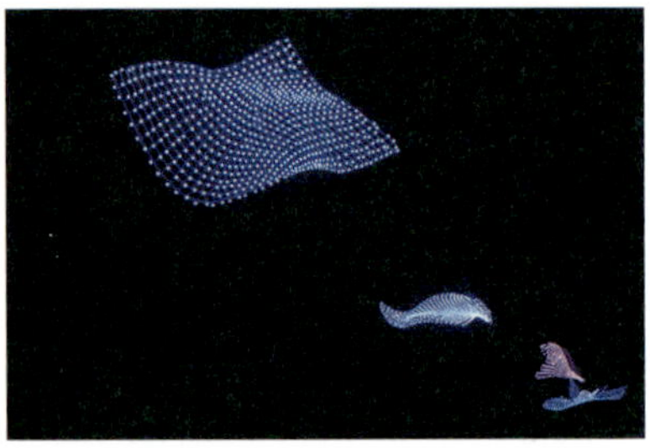

▲ AHA 的“秦淮烟云”艺术装置，巧用莫比乌斯环构建出秦淮河面氤氲水雾的符号。

▲ AHA 装置设计师在厂房进行装置的调试装配。

THE CONNECTION BETWEEN URBAN REGENERATION AND A BETTER LIFE

城市再生与美好生活的连接

我们理应在城市发展的浪潮中有所停留，把目光投向一些更本质的生活角落，关注“日常性的空间”，让长期身处其中的人们，在生活中拥有更多的精神栖居场所。

城市更新是一个伪命题。
任何一座城市，从它被建成并投入使用的那一刻起，城市更新就开始了。城市只要在发展，城市更新就是一件自然而然的事情。
然而，城市更新却往往与大规模的拆迁联想在一起，很多时候被视为负面名词和资本重新获取更大利益的手段。今天，很多国家和地方更愿意以城市再生来代替城市更新，关注的焦点也从建筑物和物质环境的更新与改善，转为永续发展原则下的地区经济、社会、人文和生态环境的整体性改善。

01

永续发展是城市再生的核心价值

城市再生的核心价值是永续发展，是面向生态、经济、社会与文化的全面关照。对气候变暖的应对、对低碳生活的倡导和对能源的再利用是永续发展的生态意义；空间的再利用，建筑的再利用，传统城市脉络和街区的保存是永续发展的经济意义；对历史文化的尊重、对多元文化保护、对弱者的关照则是永续发展之于社会与文化的意义。

西班牙巴塞罗那的城市再生除了鼓励现有建筑物的更新，保留了原先建筑空间的部分功能，恢复传统民居及小巷，将旧工厂改建为新型敞开式公寓，新型建筑的建造满足了创意产业的发展以外，更是将被占用的街坊内院改建为小广场、小公园，使老街坊获得活力；建设更多的幼儿园、教育培训中心、

社区中心、图书馆等文化设施，扩建港口，提供新的宾馆、办公、学习空间，加强商业活动；强化老城区的步行活动区、增加自行车专用道等，让生活在这里的人们，有了真正属于自己的生活空间，让这座阳光海岸之城成为世界上最具活力和最宜居的城市。

青岛，同样是一座阳光海岸之城，是中国最具现代文明的城市之一。这里有着新中国成立以来逐渐形成的发达的工业文明。而中车四方机车厂，这一中国火车头的摇篮，因为城市功能的迭代和变迁，百年峥嵘岁月凝练成的老厂房成为岁月的记忆。我们与中车集团的使命是：**通过再生的手段让中车四方机车厂成为促进青岛城市活力的引擎，带动周边老城区的发展**。让承载着几代人集体记忆的文化融入未来的城市生活。因此，我们提出了“幸福工厂”的概念，让工业遗存连接起人们的情感，成为集工业博物、文化展览、创意经济和休闲娱乐为一体的综合活力区。

南京中新生态城是南京的一处江心洲，天然的地理优势使它成为中国和新加坡政府联合打造的未来城市模型。和很多新建城市一样，尽管这里拥有先进的城市设施、现代化的建筑和大量的滨江绿地，然而，绿地和户外功能的单一，导致了城市活力和生活多样性的缺失。我们与管委会一起，将散落在各处的三十几处碎片化绿地和空间，实施城市口袋公园打造计划。不同于以往的城市口袋公园建设，这是一个系统层面的实施工程，我们希望三十几处的口袋公园能承载起城市幸福生活系统、休闲娱乐系统、文化交流系统、创意和活力系统。这一计划的实施不仅改变了市民的生活方式，更是形成了 5 分钟的城市生活圈，让城市生活因此变得更加美好。

02

创意经济成为城市发展的引擎

城市的美好离不开无处不在的公共空间，有魅力的空间吸引着人们进入并交流，交流促进伟大思想的产生。而今天，城市的公共空间却因为土地的价值递增而日渐式微。

德国鲁尔工业区位于德国西部，形成于 19 世纪中叶，曾是德国以及世界最重要的工业区，是典型的传统工业地域。然而 20 世纪五六十年代以后，大批煤矿和钢铁企业的关闭导致了鲁尔区的衰落。

设计师们利用遗留下的大量废弃厂房和环境，重新塑造特色环境，打造高品质的城市空间，吸引了大量的人口，取得了举世瞩目的成绩。在杜伊斯堡钢铁厂，原来的油罐被改造成潜水俱乐部的训练基地；原来存放焦煤的巨大水泥构筑物被改造成了一个攀岩训练场，水泥岩壁上增设了适合不同水平的攀岩路径，吸引了各种年龄的攀岩爱好者；旧厂房有的被出租给了电影制片者当电影场景，有的能举办别开生面的婚礼晚会，有的演绎成了震撼人心的当代“雕塑公园”；废弃的高架铁路可改造成为公园中的游步道，并被处理为大地艺术的作品。夜晚，灯光艺术点缀的巨大高炉成为一道奇特的风景……

安道的杭州总部，同样选择了位于杭州城北的一处老工业区，这里原来是杭州纺织机械厂。当看到阳光透过高窗洒下，落在锈迹斑斑的地面上时，我们决定将这里作为创意设计的总部。我们希望将工业遗存和文化符号转化为一种新的生活方式，将这里打造成集工作、社交、生活、娱乐为一体的创意社区。我们将户外的自然公园植入厂房，掀开屋顶，引入光、风、树等自然和生命，使其成为一个集城市雨林、蘑菇乐园、咖啡简餐、自然博物馆、艺术展厅、书吧、手作区、木工房、文创销售、发布厅、种植花园为一体的复合功能空间。

如今，这里已成为杭州北部一处标志性的创意生活公共空间，吸引着不同人群的进入，创意在这里奏响生活的交响曲。

03

TOD 编织未来城市生活。

19 世纪，伦敦金丝雀码头地区曾是世界上最繁忙的港口之一。1960 年，随着产业革命的到来，港口业开始萎缩，1980 年，泰晤士河上最后一个港口关闭，标志着金丝雀码头 1.0 时代的结束。老码头关闭后，留下了 1000 公顷废弃且残破不堪的用地。由于码头相关作业停止，年轻人口外移，人口老龄化问题凸显。这里几乎没有公共交通，道路通达性较差。

19 世纪 80 年代，落寞的伦敦金丝雀码头正是采用公共交通导向性开发（Transit-oriented Development），持续不断地投资地铁、轻轨，兴建大型轨道交通与伦敦的城市交通网络相联系，极大地改善了其可通达性，并对金丝雀码头的商业开发起到了催化作用。

金丝雀码头成了伦敦的交通枢纽，为金丝雀地区提供了与中心城区高效、快速的连接，金丝雀码头的办公楼出租率很快上升，成为生机勃勃的商业、金融中心。经历了近三十年的洗礼，成为世界经济发展的一大核心。便捷的交通、现代的规划、丰富的商业娱乐设施，持续吸引着大量年轻的精英新贵。

利用交通要素和公共空间进行整合，发挥其催化作用，并增强空间活力，正是杭州地铁 5 号沿线公共空间项目的触点。我们将地铁的公共空间作为“连接文化生活”的锚点和“复兴生动城市计划”的契机点来打造。通过景观设计的手法来营造有活力的公共空间，从城市生活的角度切入，将这一处处的驿站打造成“人文 + 生态”的典范，传统文化和人文体验改变了市民的城市意象和生活品质，重塑了人们与城市的关系。

今天，中国的城市化进程，已从增量发展到存量发展。城市更新已经成为城市的发展方式。城市更新可以是宏大的叙事，也可以是由居民的日常实践创造出来的微小改变。然而如何透过城市更新去表达一座城市的长期愿景，促进地方经济的发展、文化的发达，促进城市更加宜居和幸福，需要以永续发展的思维作为基础，留给人们更多的生活空间、记忆和情感考量，并因为“人”的连接迸发出巨大的叙事能量，这都是值得我们所有从业者去思考的问题。

Cha.02

NEW VALUE OF
RURAL CULTURAL TOURISM

第 2 章

乡村文旅新价值

回溯日本的乡村营建历程，其乡村面貌经历了从“生产主义”到“后生产主义”的发展历程。在“生产主义”时期，人们对乡村的认知局限于农业生产；而在“后生产主义”时期，旅游休闲的产业开始纳入了乡村运营之中。这是创造性地把农业作为一种可无限衍生的产业，并将艺术融入其中，打造了世界级的网红文旅景观。

倡导极简和自然生活的无印良品，在日本东京的郊区千叶县鸭川市西部，与当地的农场合作，开了一间名为“里の MUJI みんなみの里”的全新店铺。来到这里的城市人群不仅可以买到、吃到最新鲜的农产品，而且可以下地体验农活。2000 年开始，日本越后妻有每三年举办一次的大地艺术节，这场盛宴在广达760平方公里的山野间，把日本传统的农耕文化与现代艺术不断融合。越后妻有在 150 年前明治维新时期，是日本人口最多的地区。但随着城市化的进程，这里成为人口流失、产业凋敝的乡村。“大地艺术节”在诞生之初的使命就是挽救乡村的失落。借由艺术实现了乡村和多种资源产业的连接。各地的建筑事务所、大学机构和地质专家，甚至当地的农民都参与到乡村营建中来，共同构建了丰富的艺术生态，激活当地旅游服务配套设施的自动发展。

他山之石如何给予我们今天中国的乡村发展思路？如何挖掘乡村的文化与生产的价值，让乡村的自然、形态、生产和习俗成为一种美好的消费体验，从而探索一条通过文旅而引发的乡村价值回归与振兴的道路是我们需要思考的核心问题。

我们在嘉兴的喜悦农场，创造性地将农业大棚改造为田园生活的综合体，成为连接城乡的客厅；成都的奥特莱斯，是将乡村的自然和生产价值与城市的功能相融合，开启田园城市的新实践；宁波的澥小白田园自然学校，尝试将乡村的内容作为全年的学习中心，通过课程与活动深度挖掘在地的文化和在地的精神，探索乡村文旅和教育的连接道路。

EVERYONE HAS AN ACRE OF LAND IN HIS MIND

每个人心目中都有一亩田

田园综合体应该是一处展示乡村产品、乡村生活和乡村文化的空间。这里连接着乡村和城市、传统与现代、习俗与文化。

嘉兴喜悦农场，是一处占地 2000 平方米的农业玻璃大棚，这里原本种植花卉，随着花卉产业的衰落，这里成为被遗弃在田野中的农业设施。我们决定以这样的空间去实践关于田园综合体的设想，田园综合体在很多层面上是一种关于农村振兴的策略，是引导一产、二产和三产的高度融合。如果将田园综合体类比为城市综合体，那么田园综合体能否可以有其具体的物理空间和形式呢？

我们规划了三个集市。“食集”是以吃来体验农产品的集市，“市集”是展示和销售农产品的集市，而“艺集”是展示当地文化、艺人表演和开展教育的集市。三个集市就以情景化和抽象化的模式成为具体的内容和形式。

自开放以来，这里已经成功举办了农产品的当季发布会、手作文化节、轻食文化节等活动，还成为年轻人独特的时尚婚礼场所，持续吸引着城市人群的进入，让乡村的产品在这里被体验和交易，让城市的文化在这里得到融合。

今天中国的乡村，有着大量的闲置建筑与空间，如何去挖掘乡村的价值并赋予在地的文化和内容，这是一个长期的课题。

▲ 梯田般的绿植成为不同空间的潜在分割界面。

嘉兴喜悦农场

- 浙江嘉兴南湖区七星街道潭湘路农业科技园 / 2000 m² / 2018 年 / 嘉兴喜悦农业科技有限公司
美国建筑大师奖（Architecture MasterPrize）2019 / DFA 亚洲最具影响力设计奖 2019
/ 德国 ICONIC AWARDS 标志性设计奖 2019 / 德国设计奖（German Design Award）2020
/ A&D Trophy Awards 2019 / WAF 世界建筑节 2019 入围

▲ 推演过程。

▲ 在层高 6 米的空间里，以 1 米见方的结构单元堆叠形成立体景观，打造完全不同的销售中心、接待展示中心、观看演出的看台等。

▲ 简陋的农作物大棚被“变身”为现代农业的加工和体验场所，有机蔬菜、麦沙拉、冷压果蔬汁等食材均来自建筑场内外田地。

▲ 空间布局上从传统民居文化中提取“聚族而居”的村落概念，在整体空间的上方构建错落有致的活动空间，承办各种活动与事件。而下部作为辅助功能，提供聚会、接待、轻食加工等空间。

▲ 自农场开放以来，已经成功举办手作文化节、轻食文化节、婚礼等活动，给数以千计的人们带来互动体验。

第 2 章
乡村文旅新价值

CONTEMPORARY PRACTICE OF PASTORAL CITIES

田园城市的当代实践

当今中国语境下的田园城市理想，不应该远离田园的生产。

随着城市的日益扩张，城市近郊的乡村有了城市和商业的价值，乡村田园生活也具备了与城市融合的可能。“良渚文化村”作为中国田园城市的样本，被称为“一个乌托邦的试验田”，然而“良渚文化村”的规划却远离了田园的生产，更像一座以休闲生活为特色的小镇。

星野田园奥特莱斯，位于成都天府新区内，从正在建设中的成都“天府眼”观景平台上，可以俯视整个场地。这里每到春天，油菜花遍地，吸引着很多成都人来踏春。业主星野田园一直从事农业生产与农业旅游的开发，希望将这 2000 多亩的项目，打造为理想中的“当代田园城市样本”，集商业、办公、生产、休闲、度假为一体，并将奥特莱斯的商业品牌引入并作为核心的内容和产品之一。

我们的工作是从梳理以农业生产作为核心的景观和未来的生活与工作场景开始的。我们沿着青龙河，在其两侧各 200 米范围内，依据 24 节气的传统生产规律将田园生产、农耕文化、原始丛林、坡地、水系、休闲廊道和田园教育进行自然融合，形成田园城市的自然场景、生产场景和核心的日常场景。散落在田野中的农村房屋，将植入文化和体验内容，从而成为人文景观。坡地上的新建建筑将作为创意办公场所，让城市的功能与田园融为一体。

这是一次全新的模式和尝试，我们寄希望通过这个项目，为未来的中国田园当代城市探索有意义的价值和路径。

▲ 一条青龙河从场地中蜿蜒穿过，两边遍布着油菜花田，这里蕴藏着绝美的田园风景。

成都奥特莱斯

- 四川成都 / 2000 m² / 2020 年 / 成都奥莱

▲ 沿着青龙河，对其两侧景观进行修整，保留传统的农耕文化，开发旅游体验项目，连接起城市与乡村。（效果图）

▲ 沿着栈道，感受原始村落与田园风光的自然肌理与场地记忆。（效果图）

▲ 在风桥桥腹之下带有风板装置，将对风的感官感受转换为直观的视觉感受。（效果图）

A PARK ON THE SHORELINE

海岸线上的公园

海湾、沙滩、田园、村庄、水塘、汪洋、山林、花谷，一幅令人向往的生活画卷，在北峰山与海岬公园之间徐徐展开。海上田园，藏入郊野之中，阡陌交通，缝合自然经纬。

据《史记》记载，徐福下东海寻找长生不老药，曾到过“三神山”之一的蓬莱山，即今之岱山，又称东海蓬莱仙岛。岱山，舟山群岛一颗神秘而又迷人的珍珠，静静地漂在海上。

岱东郊野公园位于岱山之东，坐拥华东第一滩和波澜海景，临海靠田，拥有天然的港口和独特的海洋文化资源。然而，这片恍若山海画卷的土地，由于功能的缺失，生活的多样性慢慢缺失，人口也面临流失。

我们以轻改造介入，唤醒郊野之趣，通过对场地的最小干扰，实现对资源的最大利用。

我们以山体农田海湾水库为基地，以“两环三带”激活整个空间场地。“两环”为北峰山郊野公园体验环和海岬郊野公园体验环；“三带”为打开海湾沿线的滨海生活带、串联村庄公共空间的公共空间带和以自然山体为背景的康养养生带。将海岛文化的轻生活美学融入郊野公园，还原以村庄为语言的理想生活场景，实现生态修复、产业活化、文化传承与体验。

希望这座海岸线上的公园，能够引领岱东全新生活方式，实现游客与村民的良性互动，活化乡村产业，提升当地居民生活品质、幸福感与文化认同感，为乡村振兴赋能。

岱东郊野公园

- 浙江舟山 / 7900000 m² / 2020 年 / 岱山县安澜城市建设投资集团有限公司

▼ 岱山古称蓬莱仙岛，旖旎的海岸风景使其实至名归。（效果图）

▲ 山海乐园，一面望山，一面观海。（效果图）

▲ 以轻改造介入，唤醒郊野之趣，激活空间活力，还原理想的生活场景。（效果图）

第 2 章
乡村文旅新价值

IS THIS A SCHOOL OR A TOWN?

这是一所学校还是一座城镇

学校作为一个传统的组织，如何超越自身的边界，转而成为一个无边界的自由学习型社区。

2016 年诺贝尔生理学或医学奖获得者大隅良典曾说：“一个人在幼年时通过接触大自然萌生出对事物的探究兴趣，这个过程是非常重要的科学启蒙教育，是通往产生一代科学巨匠的起点。”16 号星球作为一家致力于环境教育的机构，倡导透过环境本身去激发好奇心，用最自然的方式去学习。我们希望去建立一座面向公民的全年学习中心。而这次学习中心的选址在宁波的澥浦镇。

澥浦镇位于宁波的镇海区，这里距离宁波市区大约有 40 分钟的车程，是一个有着 1200 年历史的古老渔镇，保留着丰富的人文历史资源，其中的“郑氏十七房”是全国最大明清古建筑群之一。而学校的场所就坐落于“郑氏十七房”对面的 150 亩农田和青少年活动中心。16 号星球希望将这里打造为能让不同年纪的人共同学习的地方，这里有孩子们的农业营地、植物苗圃、室内大棚、有机餐厅、演示厨房、会议和活动中心……我们希望大人们带着孩子，在这里体验传统农耕，进行自然环保教育和食物健康教育，以及锻炼动手造物能力。我们更关注的是氛围的创造和学习的过程，而不是内容。这里的人文、自然、乡村，都能激发学习的好奇心，重新发现那些最自然的学习方式，包括兴趣、激情、分享和探索。

未来，这一非学校的场所不仅会成为孩子和大人们全年的学习中心，更希望与村民一起创造和发展一个更鲜活的城镇，让学习、生活、生产融为一体。

▲ 学习不再仅限于实体学校，这一片农田也成为一片无限的学习空间，提供一种“沉浸式的深度体验”。

澥小白农场

- 浙江宁波 / 2016 年 / 开元安道文旅

▲ 这里的人文、自然、乡村，激发着人们的好奇心。

▲ 农场中自然的环境，能够带给孩子们沉浸式的自然实践体验，让孩子们从认识田野，到体会田野乐趣，再到懂得回馈田野。

▲ 在这里探索自然迷宫，品尝有机食物，闻闻青草的味道，聆听鸟儿的鸣唱，回味单纯的美好生活。

THE CONNECTION BETWEEN THE COUNTRYSIDE AND THE FUTURE LIFESTYLE

乡村与未来生活方式的连接

当乡村成为未来的一种生活方式时，乡村一定会越来越美丽，“乡村振兴”问题也会迎刃而解。

每年年初的中央一号文件，都将“乡村”“三农”问题列为重中之重。乡村振兴，一直是被给予厚望的课题。
除了土地政策和资本运作，乡村有没有更好的出路？

01

嘉兴喜悦公社，原本是嘉兴郊外一片农田中荒废的农业大棚。接手改造任务以后，我们想把这里打造成理想乡村的范本：缓缓的山坡上，有错落散布的小房子，山坡下面有一个池塘，池塘旁边有一块平地，能够容纳各种各样的丰富活动，池塘外面是一望无际的田野。

怎样通过设计的手段，在室内呈现出理想山村呢？我们将玻璃大棚改造为三种不同类型的工程，分别承担三种不同的功能。

第一部分为**食集**，用来展示当地农产品，提供新鲜、健康、有机的农产品体验。
第二部分为**市集**，用来交易各种当地农产品和当地的手工艺商品。
第三部分为**艺集**，用来展示当地的民间手工艺，用现代的手法激活传统文艺。

在改造期间，一对工作人员决定将他们的婚礼放在公社举行，他们觉得这是个有故事有意境的空间。他们的婚礼成功举办以后，这里陆续举办了手作文化节、轻食文化节等活动，给数以千计的人们带来互动体验，成为理想村落的现代空间升级范例。
我们将基于农田背景下的生产，变成体验乡村生活的一种方式，**将田园生产**

以一种新的消费模式与城市生活相连接，乡村的产品在这里被体验和交易，城市的文化在这里交融和碰撞。在这种田园生活体中，乡村的文化得以彰显，产业价值得以激活，田园生活成为一种时尚的生活方式。

越后妻有也是将乡村田园生活变成一种艺术生活方式的典范。

越后妻有位于日本本州岛中北部的新潟县，丰富的传统产业和保存完整的原始景观曾赋予它独特的地域文化。然而，随着日本经济及产业的快速转型和农业政策的失调，地区经济持续不景气，人口外移、老龄化、梯田荒废、传统产业衰退等社会问题日益突出。无人居住的空屋子、废弃的学校、抛荒的耕地以及孤独的老人，让整个村庄生气渐无，濒临消失。

北川富朗策划的大地艺术展拯救了这个村子。从 20 世纪开始，三年一届的大地艺术展让这个村子变成了艺术爱好者朝圣的桃花源。

2015 年，参观的人数达到了 49 万人次。至 2018 年，总共约 380 个展品分散在越后妻有一百多个村落，绝大部分展品在艺术季后都会常设性留下，一同留下的还有艺术家对乡村的感怀与思考。

这个偏僻的小山村变成了艺术的舞台，重新探讨现代和传统、城市和乡村的关系。艺术节的成功给越后妻有重新注入了活力，随着艺术节的扎根发展，不少远离家乡的年轻人开始陆续从大城市搬回来，帮忙照顾家里的旅店、餐馆、酒厂生意，老人们脸上重现笑容，山村重新焕发生机。

02

随着城镇化的进程，田园风光成为不少生活在钢筋水泥的城市森林里的人心头的白月光。

成都星野田园奥特莱斯，正是安道将城市功能与乡村田园生活结合的一次尝试。项目位于成都近郊，拥有 2000 多亩农田，春天，油菜花漫山遍野；秋天，金灿灿的稻谷呈现一派丰收的景象。由于毗邻城市，很多人闲暇时间来此踏青。

我们尝试利用这里优越的地理条件，引入奥特莱斯商业品牌，将这里变成集商业、办公、生产、休闲、度假为一体的生活场域，打造理想中的“田园城市”。

乡村田园具备了城市的商业价值，城市生活拥有了乡村田园的气息，**田园城市**成为一种新的生活方式。

达沃斯也是将乡村变成一种健康生活方式的典范。达沃斯小镇，位于瑞士东南部格里松斯地区。在 1850 年，达沃斯还是一个贫穷、偏远的农村，只是在格劳宾登州的山上有几个分散的农舍。时至今日，达沃斯已经成为举世闻名的综合型特色小镇：“世界经济论坛”让它成为引流全球政经风向的世界级会场，洁净的空气和绝美的雪域景观助它成为疗养胜地，而天然滑雪场则让它拥有“欧洲最大的高山滑雪场”的头衔。

在这一百多年间，达沃斯是如何进化的？

得益于优质的天然地理资源，达沃斯雪峰绵延，树木葱茏，空气新鲜，景色如诗如画。最早，它就是靠空气出名的。19 世纪，肺结核是不治之症。1850 年，一位德国医生来到达沃斯，他发现当地人身体状态都很好，不存在肺结核病例。一年冬天，两名呼吸道病人来到达沃斯用新鲜空气来治疗，情况迅速好转。不久，人们纷纷从欧洲各地前往达沃斯地区疗养，这里成为医疗与康养紧密结合的圣地。前来度假的人们十分注重休闲和放松的方式，达沃斯也因此建设了许多相关设施：世界第一条雪橇道、第一条滑雪索道、第一个高尔夫球场等等。短短几十年里，达沃斯不时地根据需要改变自己的面貌，很快成为一个全年旅游胜地。

1971 年，世界经济论坛的创始人施瓦布因为沉醉于达沃斯的稀世美景，将达沃斯选为“欧洲管理论坛”会址，从那以后，达沃斯承办了众多的国际级会议，成为全球经济和政治精英聚集的地方。如今的达沃斯，俨然代表了一种健康、悠闲、高级的生活方式。

03

乡村因为其自然生态资源，已经具备了自然实践教育基地的基本品相。宁波

澥小白自然学校，是我们尝试将乡村与未来教育基地结合的一个实践。

澥小白自然学校位于宁波镇海区，是一个拥有 1200 年历史和丰厚的人文历史的古镇。除了 150 亩农田，还拥有 2000 多平方米大棚和 3000 多平方米室内活动基地。我们期望将这里打造成一个全民学习中心，将田园生产、乡村习俗、人文历史和未来教育有机融合，吸引更多的父母带着孩子、老师带着学生，来体验传统农耕，参与自然环保教育和食物健康教育等实践课程。

如今，澥小白自然学校已经成为不少家庭的农业基地，植物苗圃、有机餐厅、演示厨房等带给孩子们各种沉浸式的体验。我们更大的愿景，**是以教育为纽带，来连接乡村与乡村、乡村与城市，让乡村生活与未来教育成为一种生活方式。**

美国的霍桑山谷农场，同样也是乡村生活与教育基地结合的一种模式。霍桑山谷农场根据自身的自然环境与物产资源，和不同学龄段的儿童对知识的需求和体能要求不同，为孩子们量身定制多样化课程。一年级的小朋友，对周围的世界还充满未知与好奇，在农场喂喂鸡、放放羊、做些琐碎的农活，就可以快速领略劳动的价值。而到了三年级，孩子们开始学习搭建游戏屋、花棚，学习做饭；四、五年级的学生会认养一头奶牛，独自照顾奶牛“起居”，参观牛奶加工厂，了解牛奶制成奶酪等过程，担起肩上小小的责任；随着八年级农场实习、九年级土地测量、十年级学科研究上线，单纯的劳动逐渐伴随头脑风暴，学生们也收获成长。

教育成为连接城市和乡村的媒介，乡村成为城市教育的一种方式。

从世界到中国，成功的乡村振兴从来都不仅仅是消费度假的投资概念。如何通过文化、设计和艺术架起乡村与生活方式的桥梁？这个实践路径需要更多的专业人士、设计师、艺术家、实践社团的共同关注，安道设计将其作为企业使命，置身其中，与之共进。

当乡村成为未来的一种生活方式时，乡村振兴问题自然迎刃而解。

相信在我们这一代人的努力下，所有村庄都值得期待。

Cha.03

A HAPPY STATE IS
THE MOST BEAUTIFUL DAILY SCENE

第 3 章

幸福着的状态是最美的日常场景

景观不仅拥有具体的物理空间形态——建成的社区、广场、街道等各种功能场所，还包括场所中不同人群的生活状态，比如行走、闲聊或者是停驻。可以说，景观是一个物理空间及生活状态的复合体。总而言之，景观的含义包含复杂的关系模式，例如建筑与景观、时间与空间、人与场地、线上与线下等。

与外来者感知景观的方式不同，场地附近居民总是在一种并非刻意的状态下体验这个空间，而不仅仅是一种观赏游览性质的视觉感受，他们对场所的生动印象总是与更加日常的感受相关联。所以在场所的营造中，人对场地的愉悦感受及其日常生活的积极参与，是我们设计的目标。这也要求设计师从表象景观的关注转向对日常空间运作的关注，以及对人们使用空间习惯的关注。

另外，我们面临更严峻的一个事实是：虚拟化的移动互联网很大程度上瓦解了人们对实体空间的关注。于是，城市的公共空间变得沉寂，社区的交流变得匮乏。如何让实体空间变得更有魅力，能够激发公共和私人交流，构筑起人与人、人与自然、自然及社会之间的和谐关系？这些成为目前的关键问题。

我们与万科的“活力星球”计划，通过亲子活动的场景设定，重新开发更适合全龄人群一起游戏的器械，从而吸引更多的人回归社区。龙湖春江悦茗，是希望让人们的日常生活成为社区最美的风景线。旭辉运河公元，是未来邻里商业的交流空间，激发对未来生活的向往。大湾区的美好生活，描绘了人、自然与建筑形态和密度的良好关系。呼和浩特的大地景观，让文化和风景的印象成为独特的符号记忆与体验。而上海马桥的龙湖星悦荟，作为社区的商业蕴含着更多样的社区生活。

景观的更多使用和时间的累积，创造出的美好生活成为人们记忆和情感的连接。

第 3 章
幸福着的状态是最美的日常场景

VANKE ACTIVE CENTRE

活力星球

最吸引人的，就是其他人。

社区不是个体的简单集合，而是人们在此生活的场所。社区的公共空间应该是一处居民们愿意在此聚集、交流、游戏的场所，是一处有着情绪、有着丰富生动事件，能给居民带来欢乐和多重体验的场所。只有这样的场所，才是充满吸引力并为居民们所认同的，这样的场所同时也是构建身份认同的基础。

如何去构建充满活力的场所？我们与万科开启了“活力星球”计划。我们从亲子游戏场所入手。传统社区中游戏场所是专为孩子设计的空间，家长在看护孩子的时候，往往无所适从，无法与孩子一起互动与交流。同时，工业化的游戏器械，让游戏的过程无法与环境互动，更无法透过场地本身进行美育和想象力的教育。我们决定开发亲子的游戏器械，如亲子滑梯、亲子秋千、挖沙车、互动水车、互动健身墙、昆虫旅馆等，并以毕加索的线条去创造形体。以亲子活动为原点的设计，就如同激荡起涟漪的一颗石子，建构起年轻人运动、老人健身、亲子互动为一体的社区活力中心，全龄人群一起游戏成为社区的日常。

▲ 场地中，定制大小滑梯、蹦床、秋千、水车、气象站等互动器械设施，结合自然场景，来激活社区互动性和参与性，打造了一个童趣与自然为一体的活力主题社区。

▼ 互动水车娱乐设施，可以让多个孩子一起游戏，营造了一个互动参与的交流空间，协作的效果带给孩子非常精彩的体验。

万科活力中心

- 浙江海宁安澜路与春石路交会处 / 23000 ㎡ / 2017 年 / 杭州万科集团
美国缪斯设计奖（MUSE Design Awards）2020

▲ 器械旁的亲子休憩座椅，给家长温暖贴心的体验。

▲ 压水器、蹦床、梅花桩、小型气象站……各种游乐器械都是以开放式、全龄化为标准的，孩子们在漫步、游戏、交流中获得多重愉悦而生动的体验，与自然连接，制造着自己的记忆事件。

▲ 设计手稿。

第 3 章
幸福着的状态是最美的日常场景

DE-STYLIZED YOUNG COMMUNITY

去风格化的 YOUNG 社区

设计的本质是生活，我们一切的出发点是要去刻画美好的生活画面。

2017 是地产风格多样的年份，大部分的设计和地产开发者不断追求风格和形式，形成了地产的一个怪圈。身在圈内的我们，似乎已经明显感觉到我们的设计离生活的本质越来越远。

春江悦茗这个社区项目，是我们和龙湖在反思地产风格化怪圈之后的一个实践。我们希望为设计脱下所有的风格与手法，去创造一处让人觉得欢乐和自由的场所。这个场所以活动草坪为中心，围绕活动草坪的是一系列的社区运动场，如儿童游戏、复合运动、跑步、老人健身等。于是，以草坪为中心的生活模式就成为社区日常的风景。围绕草坪的那段人工溪流，更是成为激活社区活力的源泉，孩子们和大人们嬉水时的欢乐，催化着社区的幸福感。

在 2018 年有 600 多个参评项目的“CREDAWARD 地产设计大奖·中国”上，我们凭借居民们日常的生活状态，感动了评委，并获得当年的金奖。“这个项目没有太多的技巧，是日常幸福生活的感动。”一位评委事后说道。设计的本质就是生活，围绕生活的本身去做设计，是春江悦茗项目所传递出的背后价值。

▲ 人工打磨的凹凸地形模拟河道，原石汀步和引水装置成为连接自然与人类活动的载体。

▼ 叶片作为整个项目的主要元素，将叶片的形态融入铺装、小品、景墙及园内导视系统，加上流淌的线形道路，让整个社区都充满着年轻的活力以及对未来的向往。

杭州龙湖春江悦茗

- 浙江杭州萧山区北塘路与经三路交会处 / 39209 m² / 2015 年 / 龙湖集团
CREDAWARD 地产设计大奖·中国 2018 金奖

▲ 从使用者的角度出发，创造一个空间合理、尺度适宜、具有生活温度的社区场景。

▲ 孩子们的笑容催化着社区的幸福感。

STAR

第 3 章
幸福着的状态是最美的日常场景

COLORFUL LIFE STAGE PLAY
多彩生活舞台剧

日常就是最为真实和感人的展示场景。

今天，地产的展示区是一个“场景化”产品的集中价值体现，不仅是展示产品自身的价值，更是品牌背后的幸福生活向往。旭辉运河公元是我们在江苏江阴的项目，我们并没有刻意去设计一个临时展示区，而是着眼于其日后将成为一个社区商业，服务于人们未来的便利生活。

什么是社区商业？也许可以把它看作是每一个家庭和城市的联系枢纽。它不仅为周围 5 公里之内的居民提供着便利的生活，更是通过人群的聚集和舒适游览环境的营造，拉近着人和城市、人与人之间的距离。

我们将社区的邻里商街作为设计初衷，希望打造一个具有美学特色和商业活力的空间。空间因一座流动的栈桥而变得立体化，场景也随之变得有趣起来。栈桥最高处旁有一棵枝繁叶茂的大树，《树上的男爵》里的贵族少年在树上建造自己的童话王国，这座栈桥借此在叙述一个童年乌托邦。侧面的风动装置采用了鲜明的色彩碰撞，这是受到了自然、梦想、街头艺术的启发，希望装置呈现出多元的社区文化氛围。而儿童游乐场地也采用活泼靓丽的色彩拼接，起伏地形、墙面装置、双道滑梯……孩子在自发地探索与发现的过程中，与空间产生互动，感受色彩治愈的意外惊喜，进入幻想主义的探索之旅。

▼ 通向高处的白色栈桥，也在通向一个梦幻的童话王国。

▼ 一座流动的栈桥，使空间变得立体化，场景也被路径化。

江苏旭辉运河公元

- 江苏江阴通江南路与西园路交会处 / 5050 m² / 2019 年 / 旭辉江苏区域集团苏南公司地产

▲ 偷得浮生半日闲，静享悠闲的午后时光。

第 3 章
幸福着的状态是最美的日常场景

A GOOD LIFE IN THE GREATER BAY AREA
大湾区的美好生活

粤港澳大湾区，即将建设成为未来中国城市群的样本，这里有着郁郁葱葱的自然、舒适的空间密度和健康的休闲娱乐。

从珠海机场沿着海湾一路向北，大约半个钟头，便能看到浪花拍打着海岸，一条巨龙般的桥梁顺着海流蜿蜒前行，而在这条巨龙的西南面，延绵不绝的低层建筑画出优美的弧线，得天独厚的高尔夫草坪与湖泊湿地错落其间。这里，就是位于珠海金湾区的保利九洲天和屿墅——大湾区的人居花园。

2019 年，国务院正式印发《粤港澳大湾区发展规划纲要》，要将粤港澳大湾区建设成未来中国城市群的样板。屹立于珠三角西岸之巅的珠海，成为大湾区的发展要地。“湾区的美好生活”值得期待，它无疑应该是高品质的、自由开放的、舒适和美的。

如何实现“大湾区的美好生活”呢？我们展开了生活场景设计的描绘。驱车驶过约 200 米的绿野花溪，映入眼帘的是拱桥后的一方圆形广场。它以星河为地、涌泉为山，被弧形门廊环抱。从侧门进入住宅区后，整个人就安静地栖息在一片绿意之中。而别墅内的泳池反射着闪烁斑点，边上的高尔夫球场开敞幽静。

在这里，从清晨到傍晚，你能尝到空气里新鲜的咸味，能眺望随着阳光升起下降而变化的港湾城际线，能进行高尔夫、游泳、瑜伽等多元化的运动，能享受融于大湾区自然景观的住区环境。一切与高楼林立的城市是多么的不同，这里独有它的一份静谧和美好。试想一下，每天清晨，站在泳池边，望着从海上升起的朝阳照耀着这片土地，海、城与天融成一色，这里的生活似乎成了一种梦境。

▼ 从桥的最高点看向入口，“屿墅”二字并不在中轴上，但整体呈现出平衡的美感和构图的动态感。

珠海保利屿墅

- 广东珠海金湾 / 16886 ㎡ / 2018 年 / 保利珠海公司
  GFDA 全球未来设计大奖 2020

▲ 认真地看一朵花的绽放，时光也在这里放慢了脚步。

▲ 高出一截的石板平台，适合在清晨或傍晚，伴着凉爽海风，呼吸着清新空气，练一段养生瑜伽。

▲ 居住在大湾区，最大的幸福莫过于能够仰仗大湾区的自然优势，找到与自己志趣相投的团体，去冲浪浮潜、出海垂钓，又或是打高尔夫、户外野餐、瑜伽养生……释放压力，平衡着工作与生活。

▲ 建筑与自然融为一体，安宁闲适的氛围油然而生。

▲ 在自然的簇拥中归家，感受独有的静谧和美好。

第 3 章
幸福着的状态是最美的日常场景

LANDSCAPE OF THE EARTH

大地的景观

这里拥有不同于城市景观的自由与广阔。我们将对风景的印象投射于大地上，创造了独特的地方文化符号和不一样的体验。

如果说每个人心中都有一片辽阔的草原，那一定是指呼伦贝尔。那里长天浩渺、白云悠悠，还有和地平线相接的草原。置身其中，人第一次可以像一棵树，顶天立地，感受自身的渺小与生动。

初到这个内蒙古项目的场地之时，我们特别兴奋：“城市里的自然景色很贫乏，无非是小区的一小块草坪、成排的行道树。我们的眼光容易被我们日复一日看到的景观所定义。而这个场地的前场空间很大，足够我们来表现出不同于城市景观的东西——一种苍穹之下的自由与辽阔感。”

自然的力量是强大的，由风、阳光、雨水……造就的大地景观一直令人感动，它的宏大与坚韧，让置身其中的我们从纯粹的观察者，变成真实的体验者。这片场地，是经由敕勒平原的大地肌理演变而来。扭曲的线条、褶皱的肌理，仿佛是漫长岁月里时光留下的痕迹。所见之处的每一寸土地，都是须臾在永恒面前无声的据理力争，带有一种滴水穿石的磅礴力量。

这片场地所展现的塞北壮丽，是一种较为恒久的伟大。人在其中的一切运动，都变得更为宽广，一切静息，也变得更为单纯。站在此处，任凭粗野的风肆虐过面庞，似乎伸手，就可以触及当年成吉思汗时代的金戈铁马。

▲ 扭转的曲线、褶皱的肌理，经由敕勒平原的大地肌理演变而来，仿佛是由漫长岁月里的野风、阳光、雨水打磨而成。

呼和浩特金地江山风华

- 内蒙古呼和浩特赛罕区东南侧帅家营村 / 9850 m² / 2019 年 / 金地集团

▲ 成群的鸿雁自西伯利亚顺北风而飞，途经内蒙古，在塞北湖上的薄雾中忽隐忽现。

▲ 中庭空间提取了塞北的湖光山色，结合“鸿雁南飞”的意向，展现了一幅自然的画卷。

▲ 不同于城市水泥景观，塞北风光似乎处于另一种时域之中，它被风和时间打磨，呈现出一种缥缈而磅礴的力量感。而我们则以人类的美学形式，向塞北的草原戈壁致敬。

THE URBAN INTERFACE OF THE COMMUNITY
社区的城市界面

社区商业，不仅仅是一处购物的地方，其更大的价值是来自对日常生活的回应。

对于社区商业，我们首先应该明确的是，它首先是一个社区，然后才是商业。社区商业是服务社区范围内的居民，满足他们综合消费的属地型商业，它为居民提供着便利的生活，吸引着人群的聚集，拉近了人和城市、人与人之间的距离。在传统的社区商业里，社区和商业之间始终有一道“门”的隔离，而景观的融入，可以淡化社区与商业项目之间的界线，让商业得以自然地和社区、和城市连接起来。

在上海马桥的旧时记忆里，飘荡着竹笋鲜味的弄堂间支起一张张饭桌，承担着家与城市过渡空间的功能。人与人之间的关系、人与城市的联系，都在这方过渡空间内得以萌芽生长。旧时的特色建筑、石桥以及街巷空间承载着上一代人的记忆。我们就以“马桥记忆”为原点，希望把此地打造成一个具有归属感的全龄化商业社交场所。

进入社区商业，一条蜿蜒的游鱼水景，把人们从入口引入了商业街的核心地区。池底印刻着游鱼和涟漪的艺术化图案，勾起人们对旧时光的回忆。水景也在传统旱喷基础上增加了微地形，增强了孩童玩耍的乐趣。头顶的大屋顶正好为此处遮风挡雨，大人们在边上的座椅上休息聊天，享受陪伴孩子的时光。而在天桥下、花池边，我们也留出了许多空旷的场地，就是为了触发各种年龄段的人群活动。比如广场舞，这不仅仅是中老年人的健身活动，更是一个聊八卦的社交神技。上方的天桥，也正好成为绝佳观众席。在舞蹈的踱步和往来的招呼中，失落的邻里关系被重新建立起来。

上海龙湖星悦荟

- 上海闵行区银春路与富才路交会处 / 14500 ㎡ / 2017 年 / 上海龙湖

▼ 江南街巷律动的烟火韵味，找回原本的生活记忆。

星悦荟
STARRY STREET

星悦荟

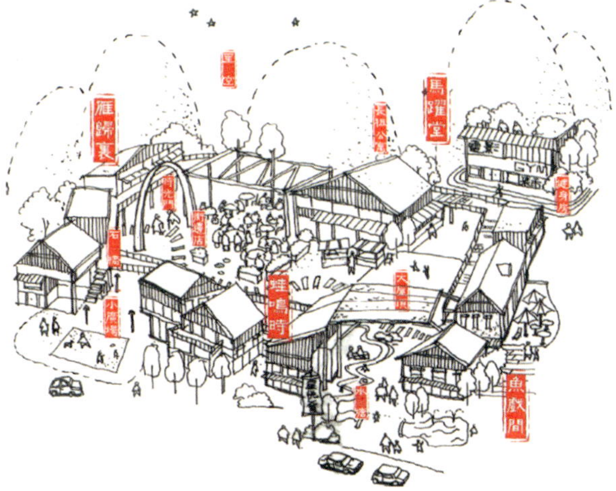

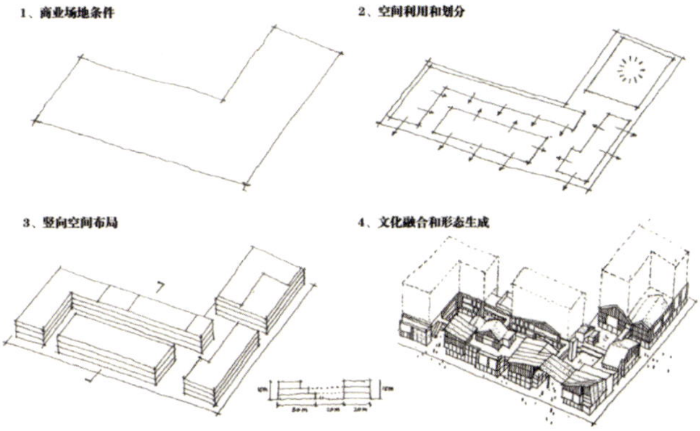

◀ 根据不同的年龄人群，将空间划分为属于家庭的“鱼戏间”、属于年轻人的“马跃堂”、属于老年人的“雁归里”和属于所有人的“蛙鸣时”，而后又通过“时光”将其串联。追溯着旧时马桥的弄堂里巷记忆，通过建筑的围合，形成街巷的空间形态。

▲ 一条蜿蜒的游鱼水景，把人们从入口引入了商业街的核心地区。

▲ 池底印刻着游鱼和涟漪的艺术化图案，勾起人们对旧时光的回忆。

THE CONNECTION BETWEEN COMMUNITY-MAKING AND DAILY LIFE

社区营造和日常生活的连接

日常居民体验景观是出于一种非刻意的状态，更多的是通过生活习惯和使用方式，而不仅仅凭视觉感受。他们对场所的生动印象总是更多与可感知的意义关联。与此不同的是，外在者——管理者、设计师和开发者——将景观看作一个客体，更加关注视觉和形态。

“这个项目没有太多的技巧，是日常的幸福生活感动。”这是 2018 年“CREDAWARD 地产设计大奖·中国”一位评委对金奖“龙湖春江悦茗” 项目的点评。

“CREDAWARD 地产设计大奖·中国”被誉为地产行业的风向标。围绕生活的本身去做设计，让社区空间成为居民日常幸福生活的载体，是春江悦茗项目的设计初衷，也是地产行业近年来的价值取向。

01

设计本身是让美好的生活浮现出来。社区营造，从早些年对视觉场景的关注，已开始回归到对生活本身的关注。

被称为“田园城市”的良渚文化村，成了很多人趋之若鹜的理想家园。除了那里良好的自然风貌，更多的原因是那里有着市井文化资源：村民食堂里美味又实惠的烧饼、油条和豆浆，良渚食街那些地道的小面馆和肉夹馍，村民菜场熙熙攘攘的画面，村民学堂里那些无偿授课的讲师，村民协会那些自发的组织者，村民图书馆里那些有趣的人和事……

这种高级烟火气，是构建社区居民身份最有效的途径，是居民日常生活最美的风景线，也是社区营造最有效的生产力。

无论是融创的归心社区、富力的共生社区，还是金地的玩呗社区、万科的活力星球社区，我们都在寻找一种方式，通过活动场景让社区与人、人与人发生互动和连接，从而营造出真正富有活力的社区。

02

金地玩呗社区，我们提倡**“以玩的名义重新定义生活”**。

玩，是一种生活态度，是创造力的来源，是改变世界、找到自我的方式。如果马斯克没有一个太空梦，就不会有 SPACEX 的太空探索；如果乔布斯没有玩心，就不会有如今改变生活的苹果手机。

在金地玩呗社区，我们希望找回失落的玩心，打破生活的束缚，让居民在玩中尽情释放自己。对于孩子而言，这是一所自然学校，他们可以在社区里与自然互动、与父母互动，大家一起玩科学、玩艺术、玩音乐；对于青年人而言，这是一个活力星球，让青年人回归社区，他们在这里可以快乐地运动，健康地社交；对于中年人而言，这是释放压力的氧气森林；对于老年人而言，这是一个大孩子乐园……每一个年龄段的人，都能在这里重拾他们的“玩”心。

全龄段的互动带来了更多的社交活动，场地所给予的不仅停留在功能属性，更是情感的注入，社区也因此变得鲜活起来。

在万科的活力星球，我们以空间体验频次最高的人群儿童作为一个核心单元，来促成并**带动整个全龄社区的互动**。以全龄沉浸式的互动体验设计，让人与人之间产生紧密的联系。

我们通过活动器械和场景营造来激发社区活力，通过各模块的体验诉求定制大小滑梯、蹦床、秋千、水车、气象站等互动器械设施，结合自然场景，激活社区互动性和参与性，打造了一个童趣与自然为一体的亲子活力主题社区。

通过亲子器械的连接，来促进孩子与父母、与老人的互动，在这种互动过程中，人与人的交流变得更加顺畅，关系变得更加和谐。

同时，这些艺术化的场地和科学的活动器械，让孩子在参与的同时，潜移默化地接受安全教育、美学教育，开发着人们的想象力。

社区成为儿童的游乐场，亲子互动的自然家园，同伴交流的公共会客厅，一派活力满满的景象。

03

社区作为城市中最基本的生活和城市单元，是人感知幸福距离最近的单元。社区承载着我们与家人陪伴的温馨，与朋友一起运动锻炼的快乐，与邻里见面相识的喜悦。

我们常常怀念小时候的光景，邻里们一起闲话家常，小伙伴们一起看露天电影、一起赶庙会、一起玩游戏……那些场景历历在目，成为记忆中温暖的片段。我们也希望能够打造那样的社区，有互动、有故事、有活力、有温情。

我们理想中的社区，首先是一个生活的场所，居民们愿意在此聚集，交流，是亲子和游戏的场所，是一处**有着情绪、有着丰富生活事件，**能给居民们**带来欢乐和多重体验**的场所。

走在回家的路上，是一天中充满期待与幸福的时光，看到社区里人们热闹亲切地互动，听到孩子们的欢声笑语。时间会改变很多，而这些由社区连接产生的情感交集却不会被时间冲淡，反而历久弥新。

从建筑到生活，我们正尝试用更多的生活内容来连接社区的人们。让人们能够在日常生活中，不断与他人发生连接、与环境发生连接。在这个过程中，发生故事，留下回忆。也许，这就是幸福的定义。

Cha.04

INHERITING CULTURAL IMAGES

第 4 章

传承文化意象

现在很多人说的“现代风格”，实际上是来自西方的风格。经济决定文化，一个高度发达的经济体，它的文化成为其他国家学习的范本，这也导致我们一直以“拿来主义”向西方学习。但随着近年来，中国成为世界第二大经济体，对自身文化的觉醒让我们开始正视自己的文化传承，在这个过程中，中国文化的新身份开始逐步构建起来。

中国的传统美学，一直在“错彩镂金”与“清水芙蓉”的两种审美轨迹下交错前行。“错彩镂金”往往代表了权贵奢华的审美风格，而“清水芙蓉”则代表了文人素雅的审美风格。但在新中国成立到改革开放之间的一段时间，传统美学的传承被忽视，许多观念没能融于现代人的日常生活中。当下在文化自信和回归传统的热潮中，我们如何去实现当代美学与传统文化审美的连接?

但在文艺界，似乎已有一种观点浮出水面。比如任祥的《传家——中国人的生活智慧》，是从日常生活的角度来讲传统文化的当代传承，而宗白华的《美学散步》则从意境论来讲述中国传统美学，他们都直接回避了关于符号与形式的传承与表达，更多聚焦于日常生活及人的心理本身，是山水观、自然观与哲学观的文化传承。

于是转换到空间表达上，我们未拘泥于传统的符号与形式，而是在不同的语境下作出对山水人文、自然哲学的思考与表达。在万科桂语东方中，我们实践了杭州语境下的文化表达；金科江湖海描述了文人避世的桃花源情结；贵阳龙里东方则是一场动态的园林盛宴；沈阳金地峯汇是在国际语境下对东方意境的表达；北京东直门 8 号则是新北京城的文化腔调；融创惠山映诠释的是编织光影的意境；重庆万科理想城表达的是从场所精神出发的东方自然观。

第 4 章
传承文化意象

CULTURAL NARRATION IN HANGZHOU CONTEXT
杭州语境下的文化叙事

中国的文化须以地域来划分才能说得清楚。比如杭州文化是属于江南的文化，它就像一位撑着油纸伞的丁香姑娘，带着恬静、舒适、淡雅走来。

万科桂语东方位于杭州与海宁交界的许村，离主城著名的风景——西湖有一定的距离。但为了拉近与主城的关系，我们通过文化的强连接来映射杭州的美好，希望与几十公里之外的西湖和江南的烟雨生活形成心灵上的某种勾连。

我们将杭州西湖的文化印象以三个层次代入。第一个层次从到访体验的设计来看，桂语东方打破了“中国风”惯用的曲径通幽和庭院深深，开门见山地将最美的庭院呈现给宾客，也把到访者的心境拉到最安静的角落。第二个层次在进入院落，“西湖第一胜境”三潭印月被极度抽象地刻画在宁静的水面上，以抽象艺术的方式复刻着西湖美景。第三个层次则来自院落深处所映射的龙井方园，西湖龙井茶是江南杭城的重要道具，它是关于味觉的，也是关于视觉的。这里可以看作是我们从梅家坞搬来了一座小茶园，种下了几十株西湖龙井，以极简的几何形式方正排布，悄然暗示“十里梅坞蕴茶香”的自然风貌。

景观以纯粹的空间、层叠的光影与留白的深度，诠释着江南烟雨的生活美学。纯净的几何形制之中，白墙、青瓦、黑砂、翠绿，四个元素构成了这座庭院的全部空间。我们也在思考，这样的设计手法，是否能让人们摆脱尘世的束缚，获得南宋时期文人散心避世、隐居烟雨江南的栖居心境呢？

我们等待着时间去验证这一切。

▲ 通过一段竹林通道便可看到采用黑白灰三种色调的中式入口，以石为墨，光线行笔，简约的线条一笔一画都流露出独特的新东方格调。

万科桂语东方

- 浙江海宁人民大道与景德路交会处 / 101501 m² / 2018 年 / 海宁万业房地产开发有限公司
A&D Trophy Awards 2019 / DFA 亚洲最具影响力设计奖 2019 / Architizer A+Awards 2019 入围
/ WAF 世界建筑节 2020 入围 / CREDAWARD 地产设计大奖·中国 2019 金奖

▲ 在枯山水中，抛开嘈杂的俗世凡尘，感受宁静与祥和。

▲ 层层叠上的台阶正如高低错落的山，山峰之上种植高大的树木与繁茂的花草，象征西湖的生机。

▲ 设计手稿。

▲ 宽敞方正的入口仿佛在向你诉说具有无比深韵的江南记忆。

▲ 一池净水倒映着无垠的天空，周围环绕着黑色细砂，孤植一树沙朴立于白石之上，水景之中又落位了勾画枯山水纹路的装置。

第 4 章
传承文化意象

LITERATI IDEALS

文人的理想

文人隐居时候，往往会选择一处山水，带着满船的书与酒。他们留下的书画诗词，蕴含着山水的哲学观。

“文人水墨的世界，有一种宗教式的和谐与纯净，在空间里能让人们感受到一种真正的自我，不妄为、不妄事，在淡泊中感悟到自然和力量。”

古代士大夫生活的雅、趣、情、致，正构建了属于当代中国的院落理想。对于中国人而言，院落空间不仅仅是家的物质实体，更寄托着主人的性情与理想。它作为一种强大的精神载体，体现了人们对纯粹精神空间的追求。

昆明金科江湖海位于昆明滇池之畔，我们试着将诗歌拆解为文字、音乐，把绘画解散为形状与色彩，把雕塑还原为材质和体积，把建筑回归为最初始的空间需求。用景观的尺度分配场地，在片墙围合的虚空中引入光与影、风与月，以吟咏诗歌的情绪传达出东方美学的简素精神，在景观的空与白中延伸出无限的遐想。

“留白”是这个项目最大的特色，这是我们从古代山水画中提取出来的技法。南宋夏圭的《山庄暮雪图》描绘了深秋时节江南的暮色雪景。画面中，远处暮色朦胧的天空和近处被白雪覆盖的山石皆用以留白的手法，占据了画面的一大半，却凝结了构图与画面以外的意境之美。将这种技法运用在金科江湖海之中，山水以一种足够简单的形式呈现在人们面前，在人和景的互动中，人的想象力被充分调动起来，这也让人在漫步山水的过程中，能够获得无穷的韵味。

昆明金科江湖海

- 云南昆明湖滨路与环湖东路交会处 / 72451 m² / 2017 年 / 金科集团
WAF 世界建筑节 2018 入围 / CREDAWARD 地产设计大奖·中国 2018 优秀奖

▼ 入口的松石照壁，以石为山，浅水为溪，营造出“蝉噪林逾静，鸟鸣山更幽”的意境。

▲ 设计手稿。

▲ 庭院中央对植丛生紫薇 12 株，象征一年 12 个月。当树木的光影落下时，
也延伸出无限的遐想。

▲ 山纹景墙前，紫薇树姿优美，树干光滑洁净，花色艳丽，形成动态的隐逸感。

▲ 庭院四周被镜面水景环绕，悠然宁静，与滇池西山剪影装置形成对景，置身滇池中央，耳边似乎传来远处缥缈的渔歌之声。

▲ 西山剪影。

第 4 章
传承文化意象

LOOK AT THE GARDEN IN ANOTHER WAY
换一种方式看园林

静观是园林的一种常态，动观即以曲线和游动的方式观赏园林，则创造了另一种视角。

园林大师陈从周先生的《说园》开篇就提出“园有静观、动观之分”。静观之景是人在驻足时所观赏到的景色，它强调的是此时此刻，从空间和时间上来说都是定格的、碎片的；而动观之景是人在边游览边观赏到的流动之景，是具有时间位移和空间位移的，是整体的。

如果以“动观”的体验方式反向来设计园林，会创造出另一种视角。我们在金科龙里东方的项目中，就是通过动态的景观秩序设计，加强着“游动感”的空间体验。

为什么会在这个项目中想到“游动感”的空间体验设计呢？这与场地的环境有关。金科龙里东方位于中国的西南腹地——贵州。自古以来，贵州远离中原，文化与气候自得一体，素有“八山一水一分田”之说。在我们接手这个项目时，场地周边正在修路和开垦，我们想在如此杂乱且多变的场地中，严谨的几何形态必然不是一个好的选择，也许以一个动态、有机的形态，才能重塑格局。

于是我们在场地中以曲线加强了空间的游动感，减弱了建筑结构的厚重感。人们穿过“峡谷”，走过“湖泊”，停在“瀑布”上方观景，让一个涡旋的整体空间，以螺旋的方式相互融合，整个景观形态是有机的、层次递进的、活跃的，如游鱼一般在山地多变的地貌中展开。如此动态的景观秩序，看似即兴，实际上是安道十年自然哲学观念的再次具现。

贵阳金科龙里东方

- 贵州贵阳黔南布依族苗族自治州 / 120000 ㎡ / 2018 年 / 贵州龙里天宸房地产开发有限公司

▼ 山水交错，苍翠树木的掩映之中，园林亦有一种柔美的灵动。

▲ 平面布局中的两条弧线就好似两条嬉戏的游鱼，一高一矮，相互追逐。我们以鱼儿自由游动的动线来分区，让人们能够体验在不同空间穿梭的感受。

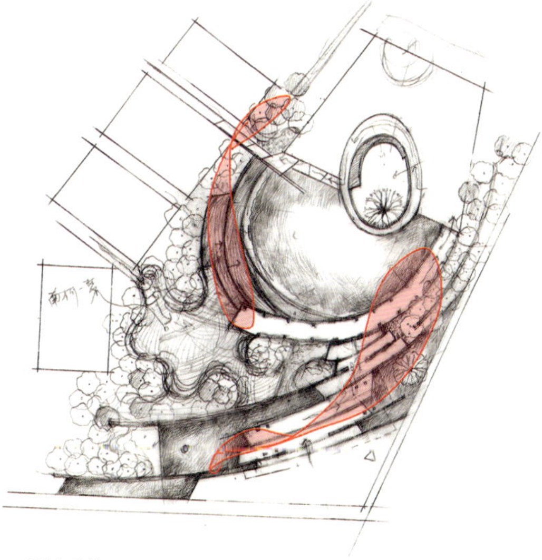

▲ 设计手稿。

▲ 枯山水庭院内不设小路，仅留灰白色的细沙，构成一个完整的、抽象的精神世界，而一处旋转楼梯将庭院与外部风景衔接起来。

第 4 章
传承文化意象

INTERNATIONAL ORIENTAL MOOD

国际式的东方意境

东方文化往往通过符号语言传达出来。然而当其要成为一种国际语言时，就需要去除符号及风格，转为空间、氛围与意境的表达。

随着东方文化影响力的逐步提升，东方元素正在与西方元素从碰撞走向融合。我们的新中式设计也偏向于将东方文化所崇尚的儒学思想、雅致意境在现代语境下以全新面貌重现。但值得注意的是，在国际语境的空间表达中，使用具体的符号或极致的风格是不明智的，国际观者们对这些符号和风格并不敏感，我们需要从符号的视觉媒介转化为氛围的心理媒介。

沈阳金地峯汇项目，就是一场现代语境下东方文化的创新演绎。设计伊始，我们在构思中触摸希望传达的感受：一种更深层次的空间想象，一种最原始的对于变幻的光线、流动的气息的感受。然后，我们构思需要怎样的实体，才能够捕捉到这些感动到我们的感动。

最终的设计，是以简练的设计语言、低调的隐喻手法，运用光影的魅力，让空间得以延伸、边界得以消融，营造出建筑、景观、室内完美融于一体的无边界空间，希望人们徜徉在庭院内、长廊中、水镜里时，分不清哪里是现实、哪里是幻境。

沈阳金地峯汇

- 辽宁沈阳沈河区五爱街与文萃路交会处 / 10000 m² / 2018 年 / 沈阳金地致成房地产开发有限公司
CREDAWARD 地产设计大奖·中国 2020 优秀奖

▲ 糅合情怀与艺术，在现代国际风格中感受东方意蕴的沉淀。

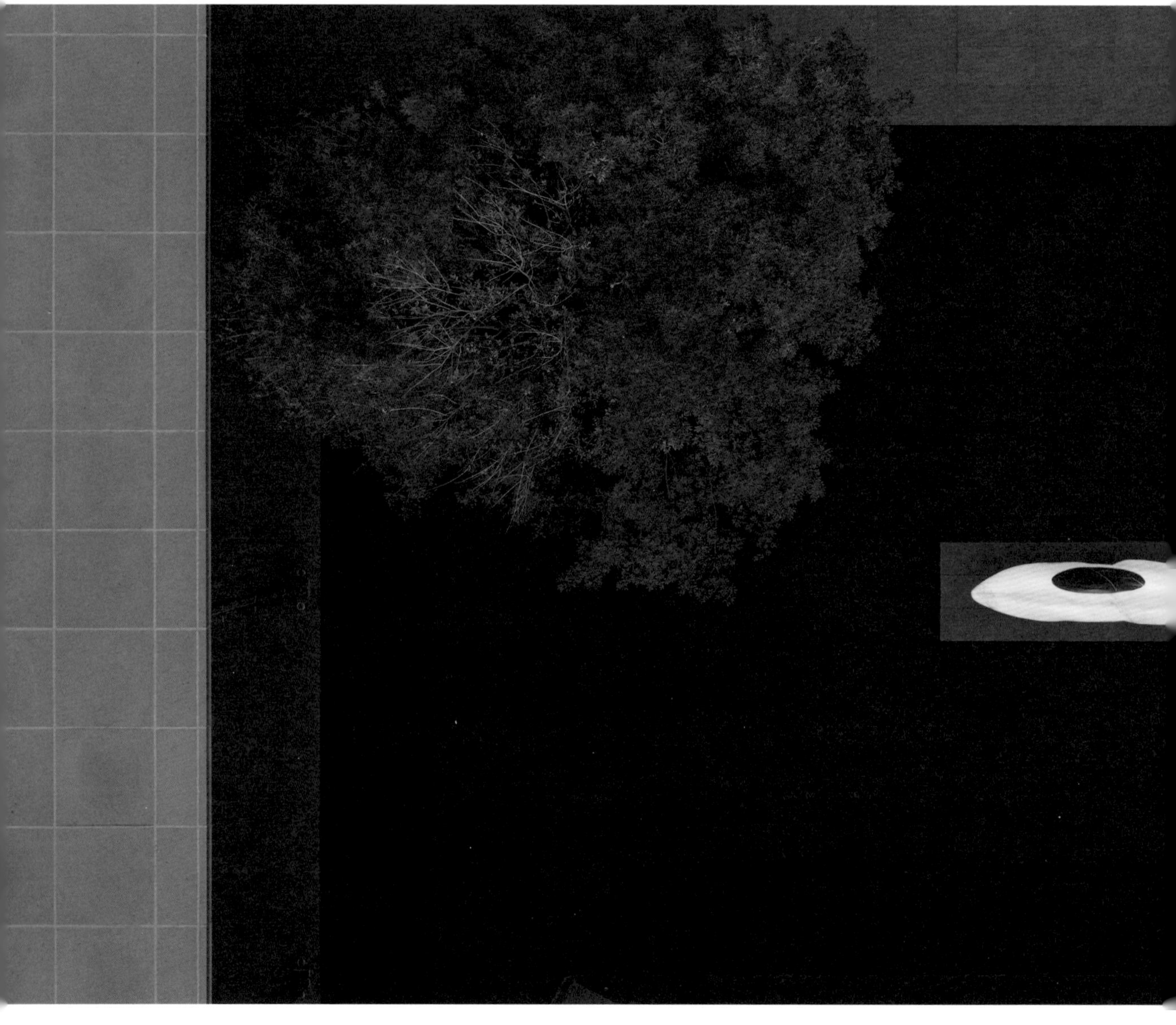

▲ 一方山形雕塑蹲立于水面，山的刚毅与石的坚硬，在平静的水面中得到解释。

▲ 光影投射在侧面的石壁上，述说着时间的故事。

▲ 在光影和鸣中，品味现代人文空间的韵味。

▲ 一汪净水，天光云影共徘徊。

▲ 现代语境下东方意境的演绎。

第 4 章
传承文化意象

A KIND OF SECLUSION IN DONGZHIMEN

有一种隐逸在东直门

以空间与尺度来诠释“隐奢”的力量。

东直门，明清时代北京内城九门之一，距今已有752年的历史，起名的寓意是“民兴教兴，东至东海”。而东直门 8 号处于东二环外的绝佳位置，紧邻雍和宫、国子监、三里屯商业区、工人体育馆，可见其占据的地理位置和历史文化有多么的显赫。

在皇城脚下用明显的传统皇家符号去进行空间表达，是不合时宜的。这个时候，现代隐喻的手法往往是最为高级的，它能够更好地展现东方“隐奢”的魅力。而所谓“隐奢”，“隐”是一种回归简约、低调隐逸的空间态度，“奢”是高质量、物化显现的品位象征。这样的空间，必然是返璞归真、简单适宜的。

这个项目的场地不大，但景观建筑的尺度很大，比如入口景墙采用体外穿插的形式，高度达到了 3.5 米；四面穿插围合的架空层，横向跨度达到了 24 米；为了纪念鲁班，落客区净层高取鲁班尺之吉数——7.2 米，展现出一种“奢”的视觉感受；同时它们又被掩映在葱郁的植物之中，呈现出“隐”的态度。边上的亮马河悠悠地流淌在这历史悠久而又日新月异的大都市里，倒映着天上的月亮，静静地环绕着这方藏于现代都市之中的“隐奢”空间。

“隐奢”的另一面，在于东直门 8 号是作为未来健康城市住宅的样本，按照 WELL 健康建筑评价标准而设计。WELL 健康社区从社区医疗条件、健身运动空间、干净的水源、社区安全、生活便利设施、学校设施等层面形成十大概念，分别是空气、水、营养、光、健身、声环境、精神、热环境、材料、社区。这些概念也渗透到景观设计中，例如架空层采用耐腐蚀的材料、光带与排水的结合，形成了一个以人为本、健康为导向的社区环境。

北京东直门 8 号

- 北京 / 13000 ㎡ / 2018 年 / 北京莱福世纪置业有限公司

▲ 入口景墙采用体外穿插的形式，高度达到了 3.5 米。

▲ 架空层选用四面围合的方式，混凝土重新架构起东直门的历史厚度，葱郁的植物将这里笼罩，形成一个藏在现代都市之中的“隐奢”空间。

▲ 空间不仅能承载和表达时代气象，也可以影响和重组时代精神。

第 4 章
传承文化意象

THE WEAVING OF SPACE

空间的编织性

将东方的编织技法置入空间中，构筑起未来社区的群体关系。

东方的编织技法在建筑结构中早有运用，比如上海世博会西班牙馆、隈研吾星巴克咖啡馆、上海虹口 SOHO 的外表皮上都运用了编织元素，表现着肌理的韵律性和空隙性。这是用一种抽象的方式来暗示自然，表现出建筑结构与光影美学。而当把“编织”抽象化之后，投射到空间场景之中，则又有另一番新的解读。

“编织”空间，是基于社会学的角度，对社区景观的重新理解。在移动互联网时代，很大一部分的社会关系网络被转移到社交平台之上。而在线下，我们回归于点状的个体，邻里关系冰冷而脆弱。想要打破这个僵局，就要将个体的点连成线、再将线编织成网，重新建立起一张张丰富多元的社会关系网。

融创惠山映位于江苏无锡——我国的编织基地，享有“丝都”之誉。于是我们从无锡的在地文化中汲取了“编织”的理念，将编织肌理嵌入空间中，功能场景的交织与互融，构筑起未来社区的群体关系。空间是天生具有编织性的。在平面图上看，空间的功能场景似乎是分开的、单独的、孤立的。但是当我们进入场地的瞬间，它们将会同时呈现在我们面前，彼此编织在一起，交织、融合，与更广阔的天地连接在一起。这也许就是“编织空间”的魅力。

无锡融创惠山映

- 江苏无锡惠山区惠景路与创泽路交会处 / 4100 m² / 2019 年 / 融创无锡公司

▼ 东方意境，归凡于心，气质浑然天成。

▲ “编织”空间的每一处都不仅仅是单纯的置景，而是有机的贯通、融合。

▲ 框景景墙配合跌水，对空间整体的叙事有着衬托的作用，促进人体感官从视觉到听觉的融合。

▲ 阅读、独处、分享……盒子里的世界更有安全感，让人们在复杂的交织关系中也不会迷失自我。

第 4 章
传承文化意象

NATURAL UTOPIA
自然的乌托邦

比起西方花团锦簇的视觉冲击，东方的自然艺术则需要运用全身的感官来体验。

精致、奢华、尊贵……这是西方园林花团锦簇的景观给人的感受，也是前十几年“崇尚西方风格”的时代给予地产景观的定义。我们身陷在表象价值的漩涡中，常在思考，褪去华丽的视觉外衣，景观究竟可以带来什么？

也许东方的自然艺术能够带来答案——正如同我们走进纯粹的山水自然一样，景观所要带来的是一种体验哲学，是观者在运用全身每一处神经末梢，联动思维，而获得的美好感受。

万科理想城，位于远离重庆中心城区的西永。重庆西进的规划格局，使西永处在激进的城市发展建设之中。初到场地时，满目的黄土、乱石、塔吊，这片 C 字形的狭长场地，就像一张褶皱的牛皮纸，亟待它重新焕发生机的一天。

所以，我们在设计中需要考虑对周边杂乱环境的屏蔽，以及如何在狭长的场地内融入理想城的概念，营造一个内向型的景观空间。我们试图使人体验到场地自身的精神场所和空间气质，重新思考人与自然的关系。让体验者并非仅仅以视觉参与进来，而是在场所中行走、停留、感受、冥想，重新唤起人与场地之间的情感共鸣。

出于对自然的尊重，我们以轻介入的手法重塑场地。沿清水混凝土曲面墙向内，用一条流动曲桥及透明的玻璃栏杆，创造出自然纯粹的空间。自由生长的乌桕，展现着自然的力量感。随外而内，从身体到精神，映射出生命真正的应有之意。

▼ 理想森林创造了一种新的艺术体验，游客从到达的那一刻起就沉浸在自然里。这样舒适悠闲的氛围，鼓励人们将日常的琐碎放置在一边，回到土地本身，享受优雅的绿意、沁人的空气和冬日的暖阳。

重庆万科理想城

重庆沙坪坝区西永镇横一路与纵五线交会处 / 13500 ㎡ / 2019 年 / 万科（重庆）企业有限公司集团、招商蛇口重庆公司

德国 ICONIC AWARDS 标志性设计奖 2020

▲ 将艺术、自然、雕塑、建筑融合在一个流畅的体验和表达中。徒步前往，通过对自然的物理接触，从最初的探索到情绪的流动，最终感悟到一股恒定安静的力量，给予你对生命的沉思。

▲ 入口细腻的浅灰色混凝土墙，与地面粗犷的武隆黑石浪产生人工与自然的强烈碰撞，神秘又深邃。

▲ 世界在空中喧嚣，生命的根紧紧扎于无垠之下。

THE CONNECTION BETWEEN TRADITIONAL AESTHETICS AND CONTEMPORARY AESTHETICS

传统文化审美和当代美学的连接

中国有着上下五千年的历史，却缺乏当代设计和视觉的审美体系，我们需要改变唐人街式和文化符号式的粗暴美学，通过价值层面的传承与连接，传承我们的文化观、美学观、生活观。

物质决定了文化，一个高度发达的经济体，其所有的文化也成为被学习的对象。这是多年前异域风格成为地产开发的主流现象的原因。而今天，当我们成为世界第二大经济体的强国时，我们开始思考自身的文化审美，寻找自身文化的标签。

这种对文化的觉醒，也就是所谓的文化自信。我们开始寻找自己的文化语言，建立与传统文化和传统审美的连接。

01

今天我们谈到东方审美，更多的是指一种日式的审美，无论是称之为东方美学论的《阴翳礼赞》，还是茶室文化所代表的侘寂美学，都是属于日本的审美价值主张。那么，今天我们是否也需要建立起属于我们自己的文化审美？

今天我们谈到传统文化审美，更多的是指我们的传统山水文化。中国艺术对自然山水的关注可与西方艺术中对人体的执着相比，这与中国人的“升仙”思想有着莫大的渊源。山水文化作为中国艺术对世界艺术的独特贡献，德国古典哲学创始人康德也曾明确肯定中国的山水美学价值。然而到了今天，山水文化审美不仅在国外缺失，在我们自己身边似乎也难觅踪迹。

我们研究当代审美的论述也寥寥可数——宗白华的《美学散步》从心灵创造

的层面去阐释“意境”这一中国传统美学范畴的意义，任祥的《传家——中国人的生活智慧》从春夏秋冬几个侧面将中国人的生活智慧抖搂出来，被白先勇称之为“美的百科全书”。除了这样少数几本著作，我们的当代美学更多流于唐人街式的粗暴美学和符号式的标签。

地产行业在风格转化及流行上一直走在前列。遗憾的是，我们对文化的传承和美学的表达，也是以简单的文化符号作为标签与形式语言。

我们一直在探索传统文化与当下生活的一种有效连接，将传统的文化审美高度融入我们的日常生活。

02

我们尝试用 5 个关键词来概括我们对当代美学的理解。

气：“气”用英语来理解就是“能量”的意思。在道家的眼里，气是一种空，一种“有形而无形”的存在；在山水画里，气是一种留白，虚白之间，气韵流动，是绘画里最高的境界。

在当代的设计中，气是空以后的能量流动，是留白空间一种自然的填充。沈阳金地峯汇，我们实践了一种空的营造。通过光影和自然来塑造空间，我们希望传达一种更深层次的空间理解后的空间想象，一种对光影和气息最原始的感受。我们让边界消融，空间得以延伸。空了以后，气韵充盈起来，自然填充进来，东方的文化底蕴得以凸显。

素：“素”的反面是“繁”，物质丰盈到了一定程度，美学便开始做减法。我们将这种删繁就简、返璞归真的状态，称为素。

从设计的角度来讲，素是 Less is More 的表现技法。

万科桂语东方，我们运用了一种“素”的叙事方式。我们以抽象的艺术方式复刻西湖美景，以极简的几何形式排布西湖龙井，在纯净的几何形制当中，仅以白墙、青瓦、黑砂、翠绿来构成庭院的全部空间，让人与自然重新建立一种简单的连接。

正因为这种“素”的呈现，万科桂语东方荣获“CREDAWARD 地产设计大奖·中国”2019 金奖。

拙：大巧若拙。拙是一种比技巧更高级的状态，它不露人为的痕迹，使人不觉其巧，只觉其妙。在道家的思想里，守拙是摈除机心，以求自然的高超境界。从设计的角度来讲，拙是一种忘却技巧、回归自然的方式。

重庆万科理想城，我们运用了一种“拙”的表现方式。让一切的技法消失，以轻介入的手法重塑场地，创造了一片带有野性的、恣意生长的乌桕林，人可以在其中上下自由穿梭。步行其中，如同走进纯粹的山水自然，用神经末梢来体验景观带来的情感共鸣。

观：观是看世界的一种方法，是对美的一种观看方式。无论是西方的风景如画，还是传统园林的如画观，不同的观法得到不同的理解，正所谓“一千个读者眼中有一千个哈姆雷特”。

贵阳金科龙里东方，我们呈现了一种“动观”的方式，以“游动感”的空间体验来重塑园林，还原可观、可行、可停、可游、可居的神游境界，在移步易景的活跃氛围中去感受传统精神世界。抛开传统文化的沉重包袱，以一种更活泼的状态重塑景观形态。

趣：即幽默、童趣。因深受儒家思想的影响，中国人一向被认为古板老化，了无趣味。然而，事实当真如此吗？

从春秋时期的竹蜻蜓到宋朝的走马灯，从明朝的七巧板到清朝李渔的冬暖夏凉床，都反映了东方文化的童趣，我们并不是一种无趣的文化。

呼和浩特金地江山风华，我们尝试重现这种童趣，让文化富有幽默感。我们将对风景的印象投射于大地上，让风吹出的褶皱展现塞北的壮丽，创造了独特的地方文化符号和不一样的童趣体验。

03

中国有着上下五千年的历史，有着辉煌灿烂的文明，然而，在当代我们却在设计和视觉领域出现了严重的断裂。

我们需要改变唐人街式和文化符号式的粗暴美学，通过价值层面的传承与连接，传承我们的文化观、美学观、生活观，努力让生活方式变得更好。我们试着用一种新的方式来构建当代审美意识，去进行探索和实践。

宗白华先生说：“中国人于有限中见到无限，又于无限中回归有限。”我们期待找到一种全新的叙事方式，让传统文化成为日常生活中一种真实的体验，也成为影响世界的一种价值观。

传统文化审美固然有一定的模式，然而在表现其底蕴的时候，却不一定囿于其模式，才能做得意趣盎然富有生命力，才能与当代日常生活水乳交融。我们一直在寻找，一种不限于任何模式的模式，来连接人文与自然、美学与生活。

文化的叙事方式，不在于符号，也不能倚重于符号，一定是透过空间本身，透过场景引发的行为模式，与当代审美产生互动与碰撞。

中国的无数名园在时间的长河中消解无形，无数的山水画也被遗忘在博物馆灯光下，然而，我们仍需要留给生活一幅山水画，留给当下的生活一种诗意的空间，留给未来一些美好的期许。

Cha.05

ART GETS INVOLVED IN LIFE

第 5 章

艺术介入生活

艺术与生活往往是脱节的。

20 世纪 50 年代，在英国，有一群自称为“独立团体”的艺术家、批评家和建筑师，掀起了一场国际性的艺术运动——波普艺术。从这场运动开始，我们的生活似乎就变得不一样起来，也可以说，变得艺术起来。它颠覆了之前艺术流派所独具的古典化、精英化和抽象化，卸去艺术凌驾于生活之上的姿态，打破高雅艺术与通俗艺术的界限，让艺术作品重回生活中来。

从那一刻开始，艺术变得前所未有的 popular。在相当短的时间内，波普艺术迅速从英国传播到美国，并掀起了一场不可想象的热潮。一批艺术家开始借助于最流行的大众传播工具，将人们日常生活中熟悉的形象进行再创作，重新呈现在人们面前。生活在消费时代和大众文化中的人们，能切实感受到艺术和文化对日常生活的渗透。

今天，在互联网时代，消费者不再是“大众”，而是被细分为“群体”乃至于“个体”，传统的人口学和社会学特征已经无法定义今天的消费者。数字技术所赋予的权利，使得各种主体都可以参与到文化的创造过程中，依托于网络世界这一特殊的土壤，形成了一种具有开放性、参与性和革命性的多元化网络文化。

如今，越来越多的艺术家开始在社交媒体上上传自己的艺术创作，在拥有巨量人口的都市环境里进行艺术探索。

艺术变幻着各种形式开始介入我们的日常生活，越来越多的市民也都参与进来。

AHA 品牌的初衷就是将艺术融入日常。我们注意到社区儿童游戏场地是最需要艺术、但也是最缺少艺术的一方。正如我们记忆中的，传统社区中的儿童游戏场地只是标准化器械的堆砌，并未能让孩子们展开对色彩、构型等关于美学的想象。于是我们开始思考：如何将装置艺术与游戏场地结合，从而创造出一点不一样的东西，改变孩子们的游戏方式？我们希望融入艺术的游戏乐园，让孩子们接受关于自然、艺术和想象力的启蒙。这也是我们想献给“100 岁以下的儿童”的礼物。

WHALE PARADISE
鲸鱼乐园

在匹诺曹的故事里，鲸鱼的肚子里有一个连接未来的小世界。

说起青岛，话题总是离不开海洋。青岛清爽微凉的海风、拍打着岸沿的层层海浪、鲜美肥厚的各样海鲜，都让人们对这座城市藏着难以忘怀的留恋。当然，还有那个海洋之中的神秘使者——鲸鱼，也让孩子们对这里充满无限好奇。

在动物世界里，鲸鱼是十大高智商动物之一；在匹诺曹的故事里，鲸鱼的肚子里有一个连接未来的小世界。AHA 的设计师用鲸鱼作为儿童装置的基础形象，打造了一个以鲸鱼为原型的儿童游乐器械。也是希望通过它连接起现实和幻想、成人和孩子的两个世界。这座儿童游乐器械最值得说道之处，在于它用高度抽象艺术化的形式，不仅还原儿童世界的纯粹本真，还预设了未来更迭换代的无限可能。

传统的儿童器械，只是通过滑滑梯、栈道、秋千的简单拼接，满足儿童简单的活动需求，并经过批量化的复制生产，分布在各个社区儿童区。娱乐形式、视觉审美都将孩子划入同质化的怪圈中。所以我们在这个项目中，采用了“三层”叠加，让这个儿童游乐器械成为一个兼具艺术品和玩乐、教育功能的场所，与传统的儿童器械有了本质的区别。

首先是“艺术”的叠加，我们打破了传统儿童器械的板材化设计手法，使用了抽象艺术化的手法，将一条刚刚浮出水面的鲸鱼展现在人们面前。其次是“互动”的叠加，传声筒、攀爬网、表皮上凹凸的各种海洋生物，都成为孩子们与海洋自然对话的载体。最后是“延展性”的叠加，装置内部的每一个局部都可以增加一些新选项，比如在鲸鱼的肚子里置入灯光和声音、在双鳍边配上自动泡泡机、在鲸鱼的背上装上风动装置，希望每一个孩子都能在这个乐园拥有永不过期的快乐。

▲ 鲸鱼表皮上星星点点的气泡，是鲸鱼和星空的对话，也为鲸鱼肚子里预设了一个万花筒的世界。

鲸遇未来

- 山东青岛 / 2019 年 / 金地集团
- 陕西西安 / 2019 年 / 金地集团

美国建筑大师奖（Architecture MasterPrize）2019 / 巴黎 DNA 设计大奖 2020 / Architizer A+ Awards 2020 入围

▲ 这座“大鲸鱼”打破了传统儿童器械的板材化设计手法，创造性地使用了抽象艺术化的手法，将鲸鱼最美的形态展现在人们面前。

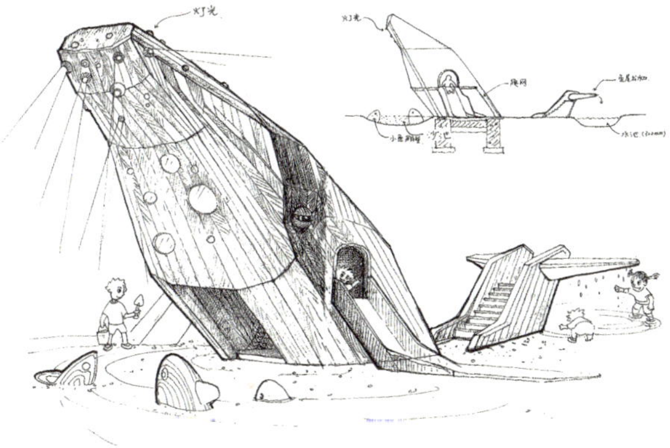

▲ 设计手稿。

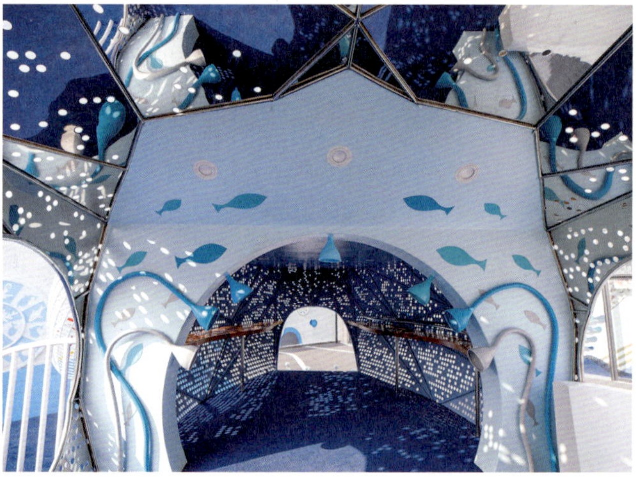

◀ 这是相较于传统儿童器械的一次全面式升级，借助“寓教于乐”的形式，帮助人们在这里创造出独特的童年记忆。

▲ 大鲸鱼头顶的光影世界。

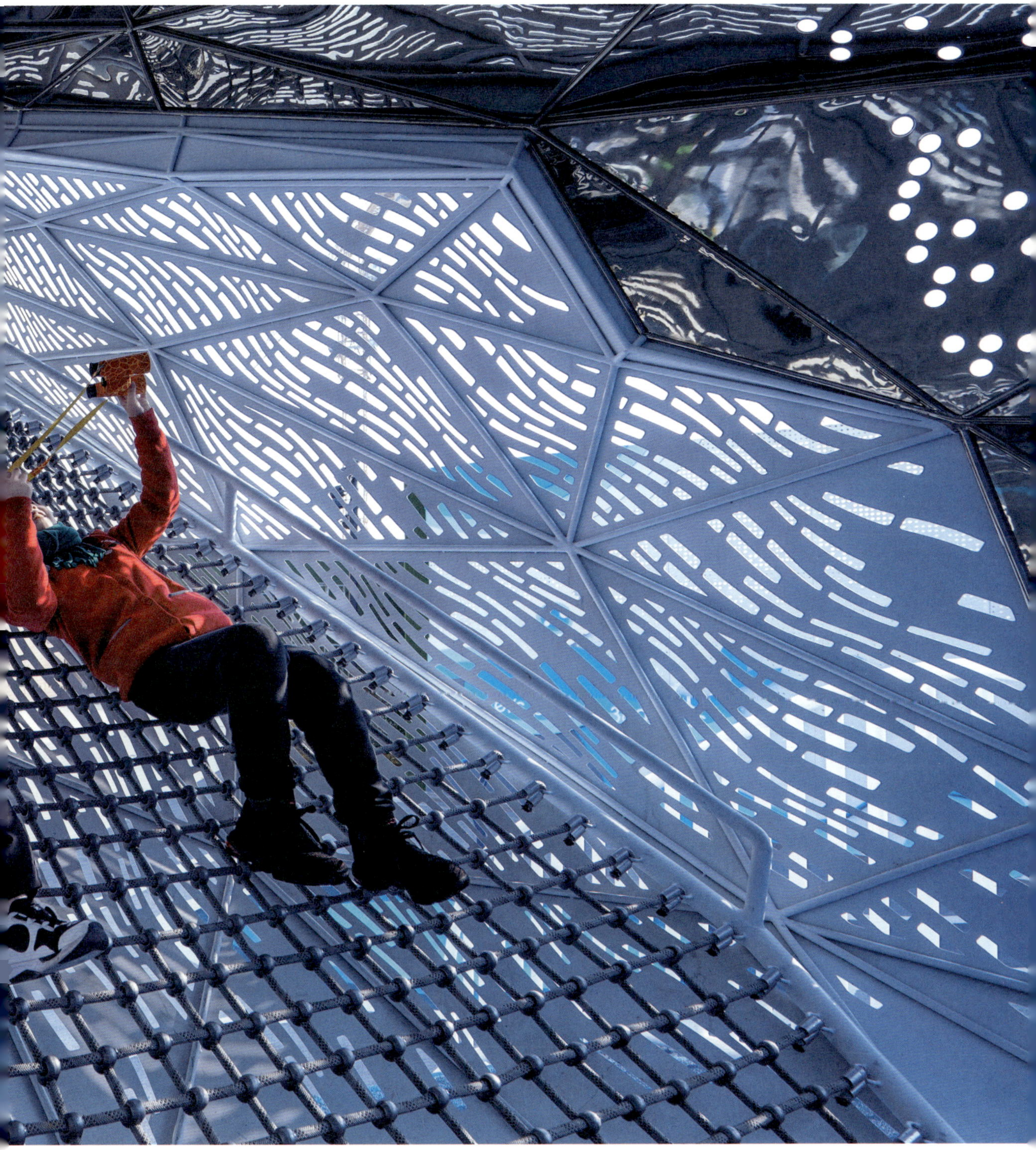

THE ELEPHANT REKINDLING THE STAGE

重燃舞台的大象

用折纸的方式，折出一个童话世界。

秋意渐浓，黄色席卷大地，但是有一个地方色彩缤纷、热闹非凡，它就是 AHA 与金地联合打造的儿童乐园。这个乐园里大象们站在了舞台中央，以一场奇妙的彩虹音乐会，重燃丛林舞台。

童年记忆里，谁不曾折叠一些可爱的小玩具呢？纸帆船、纸飞机、千纸鹤还有纸牵牛花……折纸玩具带来的美好不会因年龄增大而流失。这次我们以折纸的手法表现器械外形，将多样化的功能融入内部彩虹空间，请来玩呗的 IP 精灵“大眼金”与象群，打造了一场丛林彩虹音乐会。通过小象憨态可掬的形象，空间和雕塑实体之间形成交融，不仅促进了孩子们感官体验的多元融合，更实现了空间的传播力度。

白象天地

上海 / 2019 年 / 金地集团

▲ 场地位于上海奉贤区的酩悦都会，这里有只白象不甘寂寞，为自己染上了潮流彩虹色，在彩虹音乐会上放开歌喉，点燃丛林舞台。

▲ 以折纸的表现手法再现器械的大象外形，“大眼金”换上了一身豹纹人造毛皮衣，坐在了象爸爸的肩头，和象爸爸随着音乐一起摇摆。

第 5 章
艺术介入生活

THE WHITE DEER KISSING SPRING
轻吻春天的白鹿

春日、森林、白鹿，是每一个人童年时期的美丽梦境。

博尔赫斯的诗里写道：“我今天清晨梦见的白鹿 / 来自苍翠英国的哪个乡村民谣 / 来自哪本波斯书的插图 / 和我们往昔夜晚白日的神秘区域? / 只有一秒钟的工夫 / 我见它穿过草原 / 消失在虚幻的金黄色的下午。”

浪漫的春日里，轻灵的白鹿，被 AHA 艺术家从诗人梦境里呼唤而来。梦幻的童话气息在这片土地上蔓延，音乐奏响，光影跃动，一场奇妙的森林狂想曲由此开启。AHA 设计师尤其喜爱长颈鹿的美、灵动与青春矫健，以长颈鹿造型作为随州交投·金科府儿童游乐器械的基础形象，为空间营造满满森林感。

我们以折纸切面化的手法塑造了一对亲子长颈鹿器械，长颈鹿妈妈低头饮水，恍若在亲吻大地。长颈鹿孩子依偎在它身旁，目光调皮地望着远方。同时也为长颈鹿儿童游乐器械注入音乐，用互动艺术，启迪孩子们对音乐的好奇。互动竖琴的设计，让每一个孩子都能成为小小演奏家，在森林里举办一场特殊的音乐会。

弧形滑梯上孩子们传来欢呼，鹿耳传话筒里萦绕的一句句童言童语，森林里风拂过时的沙沙作响。各色音符高低错落，人声与乐声交汇，谱出一首最童真快乐的奏鸣曲。

动物狂想曲

- 湖北武汉 / 2019 年 / 金科集团

▼ 灵感源于童年记忆里的折纸游戏。将折纸游戏与器械结合，谱写了一曲森林里的动物狂想曲，让色彩明快可爱的鹿与森林空间互动。装置通体采用烤漆技艺，白色、粉色、黄色，明艳如糖果般的色泽交织，于绿意盎然的丛林中央绽放活力。

PEGASUS AND THE MILKY WAY FELL INTO A DREAM

铁马星河入梦

我们追随着野口勇，将雕塑、游戏和场景融为一体。

艺术家野口勇是最早尝试将雕塑和景观设计结合在一起的人，他终身都致力于用雕塑来重造室外空间。他所创造的“游戏地景”（Playscapes）概念打破人们对游乐场的固有认知，提出升华雕塑功能性、拉近观者距离的理念。雕塑、器械、场地在此三位一体，激发起了人们的想象与沉思。

受到野口勇的影响，我们也在思考雕塑、器械和场地的更多可能性。如何让作品兼具艺术感与功能性？如何走进人们的生活，激活社区空间，营造活力互动？带着这些疑问，一场设计游戏就此开启了……我们想要打破游乐设施的标准化设计，让器械、雕塑走进人们的生活，在家门口打造具有想象力的互动性艺术空间。

经历多次头脑风暴，我们最终捕捉到了那个理想中的身影——垂首凝神，是名驹在马术场上盛装舞步的姿态；亦是战马凝固在凯旋门《马赛曲》中的英勇风姿。相较于寻常的雕塑，骏马器械被 AHA 赋予了科技未来的质感。金属铸就骏马，微冷的光泽机械感十足，微微垂首，与玩呗 IP 精灵“大眼金”相望，打造出场景化的空间叙事。

天马行空

- 天津 / 2019 年 / 金地集团
美国缪斯设计奖（MUSE Design Awards）2020

▲ 我们将雕塑变为游戏场，寻找未来儿童游乐场的无限可能。以巴黎凯旋门上《马赛曲》雕塑的名驹形态作为器械造型，雕塑化的手法让器械如同一件艺术品。

第 5 章
艺术介入生活

MUSHROOM PARADISE
蘑菇乐园

蘑菇是孩子们眼里的神秘世界。

小时候最期待的，就是睡前听妈妈讲童话故事。童话故事也构成了我们童年时期对世界的幻想，没有一个小孩不希望自己变成童话故事里的主人公，去完成一场惊心动魄的冒险。从斯威夫特笔下的《格列佛游记》，到路易斯·卡罗尔的爱丽丝仙境兔子洞，里面主人公所经历的魔幻旅程总是令人着迷。影视工作者将书中的童话搬上银幕，我们则尝试将童话变为现实中的游乐园。

从不拘束自己的想象力，这一次，我们借用了格列佛隧道的力量，邀请孩子们进入“魔幻森林”。堪比人高的变异蘑菇在丛林里滋生，巨型昆虫暗中蛰伏。规则与常识被颠覆，孩子们仿佛误入巨人国，穿越到全新的世界。巨大的蘑菇形态，张扬奇异，散发勃勃生机，兼具灯光照明功能，在夜间带来梦幻的场景氛围。树木中空，设计成可以满足孩子们的爬、滑、钻等活动需求的游玩乐园。每一个人在这里，都可以开启不一样的梦幻游乐世界。

魔幻森林

- 2019 年 / 2020 中国（北京）国际游乐设施设备博览会 / 2020 ADM 展（亚洲设计管理论坛暨生活创新展）/ 2020 上海国际景观设计周

▲ 装置模拟两截粗壮树木腐朽后长出蘑菇的形态，唤醒孩子的自然记忆，奇趣的蘑菇灯，营造着场景感；中空的树洞可供孩子们穿梭。（效果图）

第 5 章
艺术介入生活

A MOON

一轮月亮

镜中花、水中月，是一种虚幻，更是一种美好的希望。

我们希望通过场景传递一份美好，即使是虚幻的，也是在指引人们寻找更好的生活方式。读着九年义务教育语文课本长大的我们，大概对“海上生明月”的诗词意象有着共同的憧憬。于是我们造了这片“大湖面”，又放了一轮“月亮”。月亮在中国传统诗词里的意象是“睹月思人”。如此以现代装置艺术构成“湖上月”的虚幻场景，希望能带给人们与诗意自然，还有与自己的心境相栖相伴的感觉。

白日里，经由自然日光的反射，这里圆形的风动装置闪烁着耀眼的水晶白光，波光粼粼，璀璨夺目。而到了夜晚，它微黄的灯光亮起，倒影在波光粼粼的水面上，倾洒着一片片细碎星芒，灯影和月影交相辉映。闭上眼睛，远方似乎也传来了棹声，枕着万家灯火的旧梦。转念一想：若是在雨天，烟波浩渺，又有另一番水光空蒙的风貌韵味。

湖上月

- 江苏江阴敔山路 / 4670 ㎡ / 2019 年 / 融创苏南公司

▲ 360°的月亮装置与水下的星星灯，形成众星拱月的场景。豁然开朗的镜水面之上，圆形的装置点亮了整个空间。

ELVES SINGING IN THE WIND

随风歌唱的精灵

我们向往着神秘的大海，因为那里有风，有各种的鱼。

神秘的大海一直被艺术家们当作是灵感来源的瑰宝之地。这次我们又在大海捕捉到新的灵感。

我们在杭州仁恒前湾创造了一个没有界限的平行空间，陆地、海洋、空气相融，所有生物都可以穿梭在三者之间，自由翱翔。看，一条鲸鱼在天空中遨游，迎着轻柔的微风，发出“叮叮”的嬉笑声。而下方，几条鲸鱼从几百米下的深水浮出海面，露出光滑的脊背，在茫茫大海之中如同孤岛。一个小女孩站在鲸鱼的背上，正在茫茫大海上进行着一场奇幻冒险。

仁恒前湾

- 浙江杭州 / 2019 年 / 香港置地仁恒集团

▼ 鲸鱼的身体采用纵向的铝片切片，底部悬挂轻质挂片，形成叠片状的风铃，风吹过的时候，会“叮叮”作响。

THE ROBIN IN THE CITY
城市的知更鸟

让知更鸟更欢快地唱歌。

繁华的城市，知更鸟立于典雅褐石风格的建筑屋顶，俯瞰着城市街道的车水马龙，欢快地歌唱着。

知更鸟在英国传说中是“上帝之鸟”，声音婉转，坚贞忠诚。传说在耶稣被钉十字架时，它飞到耶稣的耳边歌唱舒缓耶稣的痛苦。在英国诗歌中，也常会以它来寄托思乡之情，寓意美好的事物。

我们将这只知更鸟立于城市界面之中，以深浅不一的蓝色作为底色，再掺入紫色、金色、玫瑰金，勾勒出知更鸟华丽的羽翼和色彩。如此绚丽生动的颜色组合饱含诗意和幸福感，知更鸟的形态也变得更加栩栩如生。它的身姿优雅舒展，引颈向上，自由的动势中牵引出对未来的憧憬，生动可爱。希望它能为在这座城市奋斗的人们，带去慰藉和美好。

知更鸟

- 湖北武汉 / 2019 年 / 金地艺境

▼ 作品通体采用珠宝切割的形式，用镜面彩色电镀板拼接组合，以深浅不一的蓝色作为底色，利用间或掺入的紫色、金色、玫瑰金，勾勒出知更鸟华丽的羽翼和色彩。

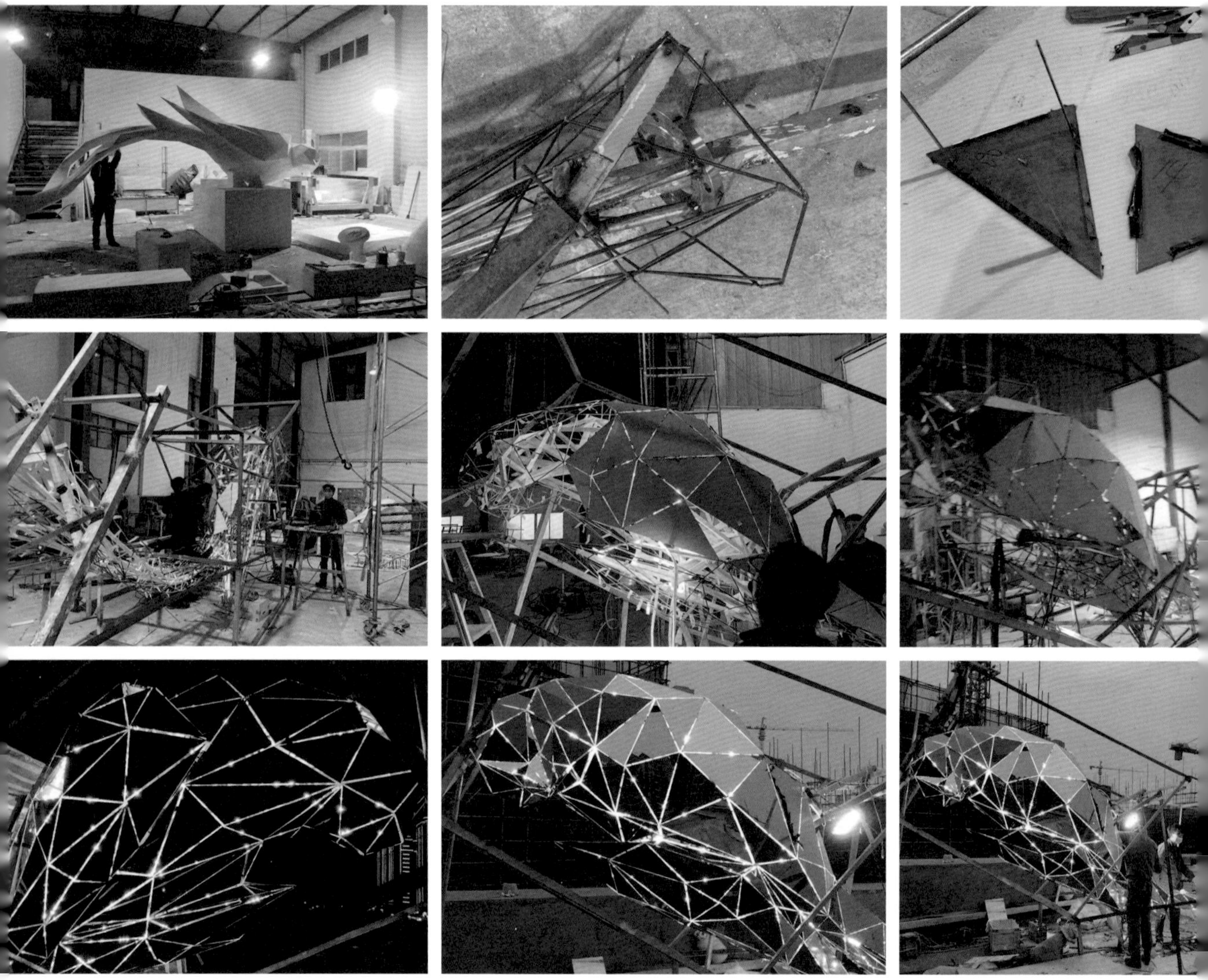

▲ 制作安装过程。

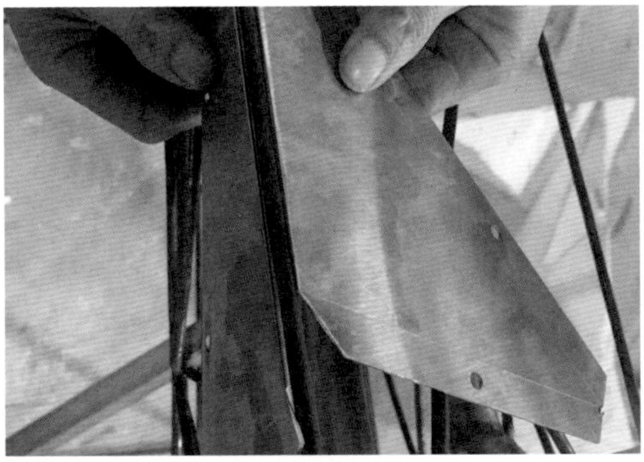

THE WHALE LEAPED OUT OF THE SEA

鲸鱼跃出海面

当鲸鱼跃出水面的一刻，一定是欢呼声起来的时候。

当“鲸”的艺术元素遇上一个充满线条感的建筑“围合空间”时，为了呼应空间，AHA 的艺术家们决定用线性构成的表现方式，来定格一条来自远古、遍历世间的鲸鱼跃出水面的瞬间。

近 60° 的动态视角，形成一种斜向上的势态。张开的双鳍和身体构成向前向后的立体空间形态，使得形体具有多重观赏的形态特征，又能最大限度地展示双鳍边喷水装置的效果。在材质上，鲸鱼背部采用镜面不锈钢，腹部提取鲸鱼身上纵向线条和圆点的构成元素形成通透的肌理效果。镜面材质环映周围环境和人群，寓意鲸鱼对世间的阅历。腹部的镂空肌理，象征着时间的积累，勾勒鲸鱼本身的故事历程。

鲸

- 山东青岛 / 2019 年 / 金地自在城

▼ 林深时见鹿，海蓝处见鲸。以 60°的动态视角，展现鲸鱼最优美的姿态。

CITY

THE CONNECTION BETWEEN INSTALLATION ART AND GAME LANDSCAPE

公共艺术与游戏地景的连接

我们希望通过艺术的表达将亲子互动性与游戏结合，激发孩子的想象力，从而改变孩子们的游戏方式。

01

在纽约 14 街第八大道地铁站，有一群小到不起眼的艺术品“地铁人生（Life Underground）”。这些造型圆润的青铜小人和动物躲在墙角边、木椅上、楼梯下和其他一些小地方，神情惟妙惟肖。他们正在各自的场景中经历着不同的事件，有的被鳄鱼咬住正在拖往地下，有的正在锯断墙角，有的正在被警察看守，有的坐在椅子上默默看着来来往往的路人……这组由纽约布鲁克林艺术家汤姆·奥特奈斯（Tom Otterness）创作的作品，为无聊的地铁站带来了勃勃生机。

在卡塔尔多哈哈马德国际机场，汤姆·奥特奈斯用同样幽默卡通的风格设计了一组公共艺术，这些高耸的青铜人物在楼梯、滑梯以及任何可用空间的地板上站着、坐着、翻滚着、蜷缩着，他们的肢体和躯干组成滑梯和类似游戏栅栏的围合空间，邀请孩子们和有童心的成年人与之互动。

汤姆·奥特奈斯将公共艺术带到了大众身边，他的艺术作品不再具有“不食人间烟火”的高冷范儿，而变得可亲近、可互动，唤醒人们的童趣与爱心。

另外一位具有童心的艺术家托马斯·丹博（Thomas Dambo），则更加注重场景的营造。托马斯·丹博擅长用可回收的木材制作巨大的精灵，让这些精灵散落在森林，然后留下线索，等待人们去发现。

而卡斯滕·霍勒（Carsten Holler）则更擅长在作品中引入童趣。在泰特现代美术馆的涡轮大厅，他安装了一系列巨型滑梯；在纽约的新博物馆，他设计了一个带有多层幻灯片和镜子的旋转木马；在伦敦弗里兹美术馆，他设计了一套专门为孩子们制作的雕塑和玩具，包括一个隐藏了攀爬架的巨大骰子、一个巨大的音乐蘑菇和一个粉红色的橡胶章鱼。他为这些作品命名为 Just Kids，他认为儿童从个人角度看待艺术，他们并没有被文化烙印。他说，他的目标是营造一种环境，在这种环境中，“捍卫艺术严肃性”的压力较小，而“拥有幼稚的奢华”。

受到这些艺术家的启发，AHA 发现公共艺术原来不只是在殿堂里纯粹供人观赏，原来还可以这般亲民这般好玩，让空间变得这般生动有趣。

AHA 是安道关于艺术互动设计的一个创意品牌，品牌灵感源于人类面对一切美好事物时发出的惊叹声，从自然体验到艺术灵感的瞬间撞击，艺术、空间和科技之间的交互和碰撞不断地启发着我们的感官体验。

AHA 希望艺术作品不只是观赏，还能带给人们更多的互动、惊喜和乐趣，让空间变得更有故事、更值得回忆，激发人们的童心，以此献给“100 岁以下的儿童”。

02

如果说汤姆·奥特奈斯、托马斯·丹博和卡斯滕·霍勒启发我们探寻公共艺术与游乐器械的边界，那么野口勇则用他的理念启迪我们，思考雕塑、器械与场地的更多可能性。

野口勇以“游戏地景（Playscapes）”概念打破人们对游乐场的固有认知，将雕塑、器械、场地三者完美结合，提出升华雕塑功能性、拉近观者距离的理念。早在1933年，野口勇就设计了“游戏山”。游戏山在纽约市中心的一个街区，没有任何游戏设施，只有一个露天圆形剧场、一个有顶盖的室外音乐演奏台、一个螺旋形的巨大滑梯、一个水滑道和一个戏水池。这种完全通过雕塑化的地形和景观设计所塑造的游戏场，颠覆了美国人对游戏场的传统观念，一开始并不被人接受。尽管野口勇后来邀请了建筑师路易·康来合作，然而这个游戏场最终还是没有完成，成为两人永久的遗憾。

虽然这个游戏场没有完成，却开启了一扇通往艺术和教育新观念的大门，对当代游戏场的设计产生了深远的影响。

人们开始意识到，游戏场并不是几座游戏设施随便摆放在一块空地上，而是可以通过富有想象力的设计，激发儿童通过自主的奔跑、跳跃、滑行、攀爬等行为锻炼和发掘身体的潜能；游戏场也不仅仅是专供儿童玩耍的特殊隔离区域，而是一件公共环境和空间艺术作品，是城市空间的有机组成部分。

03

毕加索说：“所有的孩子天生就是艺术家。”问题在于**在孩子们成长旅程中，我们如何守护住那一份艺术家的灵动？**

AHA将公共艺术融入日常生活，激活空间的艺术性与互动性，重新定义社区游乐场。通过儿童游乐器械，为孩子们创造天马行空的幻想世界，激发其对艺术的感知。在孩子认知的黄金期，**埋下一颗艺术的种子，点燃他们的创造力与想象力，引导孩子触摸世界、聆听世界、探索世界，打造亲子交融、寓教于乐的自然学校。**

在鲸鱼主题游乐场，AHA 的设计师用抽象艺术化的手法，将鲸鱼最美的形态展现在人们面前，并成为寓教于乐的载体。亲子滑梯、感知墙、攀爬网等互动设施，营造了生动的场景氛围，让孩子们在玩中感知星空和万物起源的奥秘。借助艺术的感知和场景的互动，孩子们在这里创造出独特的童年事件和回忆。

骏马器械“天马行空”，以雕塑化的形态打造新古典风格外形，以科技感的互动和多样化的功能融入空间，让融合艺术与科技的天马，带领孩子们穿梭于梦境和现实之间。马首外部设计声光互动阶梯，孩子踩踏时，触动灯光亮点和声音变化，从视觉和听觉上带来双重惊喜的互动体验。马首内部，以互动竖琴 + 多层次传声 + 互动镜面搭配设计，带孩子们感知世界。空间外部草地上铺设星空呼吸灯，让孩子们在星光里玩耍，收获梦境般的感官体验。

在“魔幻森林”游乐器械中，我们借用了格列佛隧道的力量，邀请孩子们进入“魔幻森林”。艺术与装置结合，模拟了两截粗壮树木腐朽后长出蘑菇的形态，唤醒孩子的自然记忆。器械设计结合多元智能理论，带孩子领略异乎寻常的景致，开辟观察世界的崭新视角，调动孩子对线条、形状、结构、色彩和空间关系的敏感。

“这是一个不大的场地，但装下了大大的想象力。”青岛金地的鲸鱼主题游乐场，开放后引起了行业的轰动。它不仅改变了社区中传统认知的游戏场地，更是让家楼下的游乐场成为艺术与想象力的场地。正如现场一位带孩子的妈妈说：“我不知道第几次带孩子来了，我想和孩子一起拥有她。”

对于孩子们来说，这是一件件无法抵抗的大玩具，对于有着童心的大人们来说，这是一件关于童年的艺术品。相信在未来的时间里，这样的游戏场地会成为孩子们在成长过程中关于自然、艺术与想象力的一次次美好启蒙。

Cha.06

LEARNING COMMUNITY :
A SPACE FOR FUTURE EDUCATION

第 6 章

学习社区：面向未来教育的空间

过去的十年里，教育格局发生了重大变化。如今互联网时代，我们已经生活在一个高度联系的世界，学生们可以随时随地通过网络获得高质量的教育内容和知识，进行自主探索学习和在线互动交流。教育正在全面开启自我革新：开始以学生自我为导向，以兴趣为基础，培养学生独立解决问题的能力，以及创新和创造的能力。

面对学生导向教育、边做边学、跨学科教育、情感和社交教育等新兴教育话题，我们的学习环境需要做出怎样的改变来应对？

良好的学习环境可以促进沟通能力发展，促进相互间的连接，并通过跨学科跨年级的学习方式来鼓励不同群体之间的协作，培养创造力与创新精神。

学习社区将传统学校中封闭的教室空间无限向外延伸，它强调学习环境的通透性，就如同高级餐厅里的开放厨房，可以直观地目睹学习活动的全过程，激发人们去打开兴趣之门。学习社区将强调无处不在的学习，我们的台阶、图书馆、咖啡馆、商店、体育场所都将成为教室的延伸，丰富学生的学习体验，成为互动的学习空间。

传统学校中的学科分类也正逐渐分化，功能的混合和叠加让学科变得模糊，所以在新型学习社区中，空间是围绕人的活动和互动模式来进行的，以支持更好的学习体验。

“大树下的童年”是早教学习社区，围绕大树的游戏和学习激发孩子们对自然的观察；海口椰博小学的连续台地，创造无处不在的学习与情感连接空间；临平一小的连续折线形空间，让空间变得自由和模糊；我们开发的互动教具，更是通过互动吸引孩子们对环境和自然的观察，激发爱好与创造力。

COLORFUL CHILDHOOD IN THE SHADE OF A TREE
树荫下的七彩童年

树，往往代表着场所中的精神。围绕树的故事和游戏，伴随着每一个人的成长。在这个过程中，某些细碎的美好，将成为孩子们心里的那棵大树，慢慢扎根，而后枝繁叶茂。

2018 年秋，义乌蒙特梭利的园长说，她有一座废弃的茶室，现在想改造成一家早教中心，我们初踏场地时候的印象还记忆犹新。园长所说的废弃茶室由两栋危房和几片空地凑成，两栋建筑之间的中庭空间狭小、砂石散乱，墙角的泥泞和青苔相浸，且与建筑外面的空地隔断，没有一个足够大的空间能够让孩子们畅快地追逐嬉戏。而走到中庭边，头顶几棵泡桐树却正开得茂盛，细碎的阳光洒下，让我们想起自己儿时在树下奔跑的童年，那是与如今高密度城市、混凝土幼儿园中的孩子完全不同的童年。

废弃的茶室空间意味着某种退休之后的闲暇休憩的静态空间，而幼儿园则暗示着不断生长的动态环境。在这个矛盾的前提下，我们重新梳理了空间的路径，形成一个“一层内外庭院 + 二层开放回路”的复杂格局。并充分考虑了儿童身体的感知体验：在中庭空间设计了一个开放阶梯，连接起一层开放的绿地空间和二层的环形平台。而在中庭和外部空地之间，一道彩虹门打通内外的活动空间。

多层次、多回路的空间增加了基于儿童行为学特征的探索体验。孩子们嬉戏追逐、欢乐探险，用稚嫩的脚步丈量童年的欢乐时光，在游戏中完成着自己的社会化人格。这些行为本身既是游戏也是学习，不能用简单的、规则化的空间去草率应对。

这个项目已于 2019 年建成，现在这个属于 20 世纪的陈旧茶室已剥去了岁月的残壳，蜕变成一个面向 21 世纪的生机勃勃的早教中心、一个盛放童心童趣的容器。我们想，当看见孩子们在彩虹里纵情奔跑、步履不停之时，关于中国未来的生命力和想象空间，也许就得到了一个最新诠释。

义乌蒙特梭利早教中心

- 浙江义乌西城路 369 号老开关厂内 / 室内 1539 m²，景观 893 m² / 2018 年 / 蒙特梭利早教中心

▼ 孩子们在树荫下运动、嬉戏、观察自然，用纯真的笑颜定格童年。

▲ 二层平台的墙体进行了半圆的凹处理，以和谐的人性尺度、灵活多变的色彩，为儿童创造具有归属感的游憩空间。

▲ 改造前。

UBIQUITOUS LEARNING COMMUNITY

无处不在的学习社区

未来的学校可能是社区化的存在。教学不仅仅是发生在教室内，更多的空间，如台阶、坐凳、花园、过厅，都将成为教育和社交的空间。

位于海南海口琼山区的椰博小学是“海南国际教育创新岛”启动后的一个“未来学校”项目。我们与琼山区教育局表达了要将这个小学项目作为未来教育空间的一个案例的雄心。

传统的学校建筑只是消极地去提供一个分割的空间，把学生按照年级、成绩分类装进去，而在这个“未来教育空间”里，我们要打破这种传统的教学空间结构，转而采取架空底层、穿插回廊、拼叠教学楼、错动公共教室、立体植物造景、百变屋顶花园等空间的叠加与组合，最大限度地将阳光、绿地和空间融入校园，强调孩子与环境的互动体验，让这个场地不仅成为学习中心，更成为高低起伏无限循环的立体社区公园。

在这个新型的学习社区里，“劳”和“逸”的场景在一个生态里结合起来。未来学校一定不再仅仅是一个教育空间，更是一个社区中心，孕育着多元的学习文化。其中的共享空间也鼓励学生参与学习社区的共建，比如屋顶花园的植物种植，社区的概念也在共建的实践中被不断强化，学生从一个个个体，逐渐变为一个个群体，进而成为一个文化共同体，与空间共同作用。

海口椰博小学

- 海南海口琼山区 / 23512 ㎡ / 2018 年 / 海口市琼山区教育局
GFDA 全球未来设计大奖 2020 / 美国缪斯设计奖（MUSE Design Awards）2020

▲ 我们力图打破传统校园的概念，尽可能多地创造丰富的公共空间，给予孩子们更合理、更舒适的学习场所。

▲ 公共教学教室错动摆放，产生更多非正式交流空间，成为自由穿行的趣味性路线，将庭院和外围景观的绿意相互渗透。

▲ 架空层释放出更多的室外活动空间。

▲ 立面的白色竖向百叶，可以有效防止东西方向直射光线产生眩光，通过百叶与灰色坡屋顶相结合，将现代与传统元素相结合，打造属于海口市的人文地标。

▲ 新型教育建筑更强调用户的情感体验——强调学生的参与性、强调学生与环境的互动、强调学生与他人的互动。

FREE AND SHARED EDUCATIONAL SPACE

自由共享的教育空间

连续的折线，让学校建筑本身成为一场运动和学习的游戏。

这个项目位于浙江临平，是我们接手的为数不多的几个小学项目之一。小学年段段的孩子大多集中在 7~11 岁，这个阶段的孩子更倾向与运动和行动相关的活动，喜欢在没有大人监督的情况下进行分组游戏。那么，我们就让学校建筑本身成为一场运动游戏吧！

不同于传统学校笔直的走廊连接着五六个教室的呆板路线，我们以折线形的风雨连廊串联起不同的功能空间，形成了能够自由穿行的趣味性路线。这条风雨连廊同时也产生许多非正式交流空间，滋生源源不断的交流机会，激活校园趣味与活力。

相邻的楼层以相异的方向进行转折和排列，加上风雨连廊，构成了交织错落的形体关系。建筑单元的模糊与淡化，构成了围而不合的空间姿态。在平面和空间上交错的建筑则形成了多个尺度不一、各具特色的院落，这些庭院空间相互融合渗透、呈现出秩序与活跃过渡的状态。

杜威在《学校与社会》中说过：“儿童生而具有制造、交际、表现、探索四种天性与本能。我们应支持他们主动有效地与空间发生关系。”我们创造了这样一个自由连续的空间，也希望看到它不仅仅成为一个教育空间，也能成为孩子们的游戏场和实践生活社区。

杭州市余杭区临平第一小学（南枝校区）

- 浙江杭州余杭区临平永乐路 2 号 / 37218.53 ㎡ / 2016 年 / 杭州余杭城市建设集团有限公司

▼ 为了更好地体现自由共享的教育空间，我们在每个庭院中设计了可供学生们交流沟通、玩耍休息的娱乐平台。

▲ 从杭州当地传统建筑与园林文脉中提取“檐廊”的元素，在教学区的一二层楼设置了风雨连廊，便捷高效地联系了各个功能区，交错的连廊也为行走路径的多样性和更开阔的自然视野提供了条件。

▲ 字母与立面的结合构成了公共空间活跃的文化视窗，或站或坐或倚，赋予学生更多自由学习的可能性。

▲ 外界面实墙上的“开洞”将每一扇窗视作一个单元格，并将之有规律地组织在空间界面中，形成光影丰富、具有韵律的墙面肌理效果，在规整的空间中做到形式与功能的统一。

EXPLORE AND INSPIRE THE FUTURE OF TEACHING AIDS

探索和激发教具的未来

美育是通过一定的媒介让孩子看到美、听见美、触摸美、感受美，从而成为一个自由、敏感而富有创造力的人，化身生活的艺术家。而这个“媒介”之一就是教具。

美育解决的是一个人灵魂的问题，美的灵魂、美的生活、美的生命历程是美育的核心。

美育并不是简单的，而是贯穿一个人一生的。现在年轻的父母们都注重胎教，这就是美育的一种艺术熏陶。而进入幼儿园、小学，孩子应该开始有意识地接受美学教育，并且对一些作品有粗浅直观的反应，可以说“我”喜欢这个不喜欢那个。

那么什么是美育呢？首先要将它和传统的美术教学相区分，它并不是传统刻板的教学，而是一种熏陶和影响，是一个很宽泛的概念。有些美育是大自然赐予的，有些美育是童话故事里的场景想象，有些美育则是在日常手作中，与事物的形状与气息互动中感知到的。

16 号星球以美育为核心开发的教具，是希望让孩子在日常学习中感知美的存在。感知美是认知美的起点，也是调动孩子积极性的一种手段，只有当孩子感受到美并具有审美乐趣时，他们才会产生美的热情，以及接受艺术的熏陶。

▼ 松果做成的鸵鸟、刺猬、绵羊等小动物。

16 号星球教具

-16 号星球研发

▲ 由 16 号星球的小伙伴手工制作的教具。

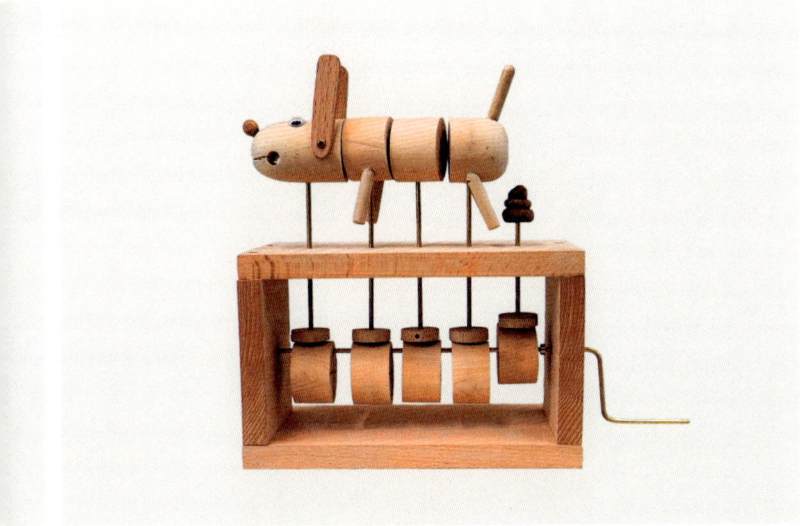

THE CONNECTION BETWEEN FUTURE EDUCATION AND LEARNING SCENARIOS

未来教育与学习场景的连接

混龄式的主题式教学和原来充当配角的体育、艺术、劳技和自然教育，是支撑实体学校存在的核心价值。

01

前不久，芬兰赫尔辛基教育局下发通知，正式废除小学和中学阶段的课程式教育，转而采取实际场景主题教学。也就是说，赫尔辛基的孩子们不用再上单独的数学课、物理课、化学课、地理课等等，他们的课程将是类似“如何在农场里种稻谷”或“如何在咖啡馆进行日常工作”这样贴近现实、更有助于理解世界运作规律的主题式教学。

芬兰的这种教育是否能代表未来的一种方向？

可以预见，未来的教育场所，可能更多地发生在大自然、博物馆、工厂、咖啡馆等场所，那么，现在这种实体学校在未来还会存在吗？

特别是随着互联网和人工智能的高速发展，知识的传授和获得基本上可以通过线上课程来完成。云端具有传统学校教育无法比拟的资源丰富性和选择性，并给予孩子和家庭以更大的时间自由度。

然而，线上的学习无法提供从单一授课转化为不同年龄段孩子们主题式教学的必要条件，也无法提供关于体育、艺术教育、劳技教育和自然教育这类体验性的课程，尽管这些课程迄今为止还只是配角，但正是这些配角，能同人的整个躯体、各种感官广泛深刻地发生关系，线上很难模拟。这种混龄式的主题式教学和原来充当配角的课程，正是支撑实体学校存在的核心价值。

这种变化，给我们带来关于未来教育和学习场景的一些思考。

02

未来学校既然不同于现在这种模式，那么未来教育的空间场地必然发生变化。海德格尔说：“人的存在是空间性的。”从哲学的角度来看，人是无法脱离物理空间而独立存在的。尤其是处在成长关键期的儿童，对物质环境的敏感远远超过成人，环境对他们的影响更是不可估量的。

从杰斐逊的弗吉尼亚学术村花园，到鲁迅回忆童年学习生活的百草园，都在说明，教育空间与每个人的人生起步阶段息息相关。在接受教育的过程当中，心境的营造和学习的体验离不开教育空间表达的影响。

如果把传统的一体化教育建筑比作“三味书屋”，那么自由的、具有大自然形态的教育场所就更像“百草园”。

如今，越来越多的学校开始探寻“百草园”这样的空间场地。

瑞典的 Vittra Telefonplan 学校、巴西的 NAVE 学校、澳大利亚的 Woodleigh 学校、美国明尼苏达大学的主动学习教室 (Active Learning Classrooms)、加拿大皇后大学的主动学习空间 (Active Learning Spaces) 等等都对传统教室进行了大刀阔斧的改革，代表了教育建筑空间逐步呈现出的多元化倾向。

在各国广泛开展的自然教育中，德国的自然教育可谓首屈一指。将孩子放在森林中自由地探索，森林就是教室，大自然就是教师，森林里的原木、石头就是课桌椅，老师只进行看护与引导，儿童是学习的主人，在游戏中发展身心。

每个关在“三味书屋”里的人，都幻想有个“百草园”。正如儿童文学作家秦文君所言：“教育应是一扇门，推开它，满是阳光和鲜花，它能给孩子带来自信、快乐。”

未来的教育建筑，在尊重传统的同时，应该向有利于进行先进教学活动的模式转变。

03

教育空间要给学生留白，给学生留出让他们自由奔跑的地方，玩沙子堆土的地方，挖地洞储存水果的地方，搭帐篷露营的地方……把学校建筑变成学习元素的一部分，成为学习的延伸体，营造自由的公共教育空间。美不是标准规则，而是触动心灵的美好感受。

我们对教育建筑的设计愿景，是将“授课 VS 学徒”的二元关系，增加“师生共同探索未知世界”的多向关系作为补充；将“德智体”这种分科分项式的学业评价体系，增加“动态的知识连接”作为补充。

我们在教育空间里面设计的种种伏笔，是呼唤孩子们保持某种潜质和自信，在多样的世界里找到自己的天地。

未来希望更多这样的教育建筑可以出现，它们也许并不起眼，但孩子们可以在这里释放天性、找到内心的自己、最终成长为自己理想中的那个人。

Cha.07

IP ERA

第 7 章

IP 时代

在十几年前，IP 这个概念还没有出现。那个时候，品牌、营销、旅游、设计……都是分开的，各行各业之间彼此隔离。然而，就在前几年，IP 概念横空出世，将文创、品牌、营销、设计、潮流时尚都串联在一起，形成一个 IP 大产业链，让不同的部分通过跨界合作，产生了新的价值。这预示着 IP 时代的到来，在当下，利用 IP 重新定义品牌及产品，联动起内容、渠道、设计、用户，将是未来商业一次脑洞大开的较量。

那么 IP 是如何重新定义品牌的呢？“互联网 +”的开放式思维是时下传播的必备条件，而 IP 能带来的正是这种开放式的品牌思维。如果我们仍然保持以前高高在上的品牌姿态，对于营销来说是最大的壁垒。品牌 IP 化，就是让品牌不再“端着”，而是去亲近客户，更好地培养与客户之间的情感，培养更多的忠实粉丝。可以说，“IP 时代”的品牌思维，是以体验为核心，它让产品的全生命周期过程与客户建立连接，传递品牌全新价值和情感。

IP 塑造的 5S 原则，分别是情感（Sensibility）、角色（Starring）、世界观（Scenery）、故事（Story）和符号（Symbol）。基于这 5 个原则，我们可以以 IP 为载体，形成各种内容与事件，也不再拘泥于特定的渠道，而是可以以当下火热的直播、盲盒、影视作品或是网红效应等各种方式来进行营销与传播，建立起与用户的社交人格。IP 与用户的互动过程，也是品牌的成长过程。

我们的蘑菇文创为品牌 IP 做了许多与时俱进的尝试，比如：融创的首席服务官——阿融，是我们为融创归心社区品牌打造的 IP 形象；金地的“大眼金”，更好地传播着玩呗社区生活品牌的价值理念；LOFT49 的精灵——发条蛙，以 20 世纪 80 年代经典工业玩具发条青蛙的形象，延续着文创记忆；16 号星球的小白，作为星球的时光旅行者，创造着人与万物的美好连接。

第 7 章
IP 时代

"THINKERS" OF HANGZHOU CULTURAL AND CREATIVE INDUSTRIES

杭州文创的“沉思者”

充满工业感和酷潮外形的“发条蛙”成为城市年轻人热衷的景点，唤起城市创意力量。

LOFT49 是老的杭州棉纺厂，同时也是杭州第一代工业遗址保存的文创园。伴随产业形态的更新与人们精神需求的不断升级，当创意园失去文创活力，园区软硬件已落后时，LOFT49 创意园急需一场“文艺复兴”以继承 LOFT49 品牌内核，并在此基础上实现创新迭代，打造适应未来发展需求的新型文创园区。基于此，杭州市工业企业投资发展有限公司与杭州万科一拍即合，提出了打造“LOFT49 创意城市先行区”的想法，为城市赋能，期待将 LOFT49 唤醒，打造新一代的文创标杆。

万科与企划公司提出以代表着 20 世纪七八十年代经典工业玩具，也是第一代真正意义上的文创产品——“铁皮发条青蛙”为原型来进行创作。我们的蘑菇文创开始了一次源起老一代文创者的集体记忆，并将这样的精神注入未来文创行业为目的的形象开发。

为了表达杭州文创先行者们不断向上跃动、奋发前进的精神，角色体型选择了高挑轻盈、趋近于青年人的身材比例，来表现出更强的弹跳力。关节处的铆钉与机械零件的细节和来自保时捷 911 的经典绿，让 IP 形象格外夺目。面部亲善的大眼睛，与上扬的嘴角，更是让 IP 瞬间与人产生情感的共鸣。

IP 完成之后，作为城市雕塑展现时的造型灵感来自罗丹现实主义手法创作的经典作品《沉思者》。这是我们向大师的致敬，也代表着我们对人文主义精神和未来文创时代的赞美。“沉思者·发条蛙”诞生了，并成为城北的地标和代表杭州文创的符号。

▼ 罗丹采用现实主义手法创作出经典的“沉思者”雕塑以表达人文主义精神，传达智慧与诗意。发条蛙向大师致敬，采用同样的“沉思”姿态，向现代社会传递艺术与创意，与创意园气质相呼应，同时也为IP形象赋予了人格魅力。

▼ 雕塑表面彩色喷漆，通体以镜面效果为主，光晕流转间，时尚灵动。关节处采用磨砂工艺处理，让雕塑更富有层次感。

万科发条蛙

- 2019 年 / 杭州万科集团

▲ 发条蛙三视图。

▲ 亲善的大眼睛，反复调试得出的嘴角上扬弧度，很好地削弱了机械肢体与金属光泽带来的冷峻感。

▲ 工厂制作细节。

第 7 章
IP 时代

CHIEF SERVICE OFFICER OF SUNAC

融创首席服务官

这是个特别暖心体贴、具有超能力的巨蟹座暖男，不仅会多国语言，而且耳朵大到能够听见业主心声。

这是个特别温柔体贴、具有超能力的巨蟹座暖男。它会多国语言，而且耳朵大到能听见业主们的心声。

“一只可爱的熊，出没在西湖、运河、商业中心、河坊街……”这是融创归心社区首席服务官阿融的首次亮相，引起了杭城热议。自融创东南提出“归心社区”的口号后，融创开启了归心服务的计划。我们的蘑菇文创就在这个背景下开始了首次关于地产服务 IP 形象的开发。

社区服务 IP 化，让社区服务变得更加温暖、亲切和人性化。我们开始尝试了很多形象设计。最后，一个呆萌可爱同时又能给予人们无限安全感的大耳朵暖心熊成为形象代言，我们亲切地称它为“阿融”。

巨蟹座的阳光暖男阿融十分体贴入微，他“萌态可掬的大耳朵，可以真正读懂业主的心声，为业主提供一站式的美好服务”“在朋友圈有着公认的好人缘”。阿融所传递的是融创归心服务的形象。社区服务的 IP 化，让原本不可见的服务变得亲切和生动，也在很大程度上赋予社区服务独特的产品魅力和场景魅力。未来，IP 化将成为其在同类品牌竞争中胜出的有效手段。

阿融

- 2018 年 / 融创集团

▲ 为了突出沉稳，阿融有了这一穿上西装、戴上眼镜的造型。

▲ 阿融深入社区，与美女小姐姐们打招呼。

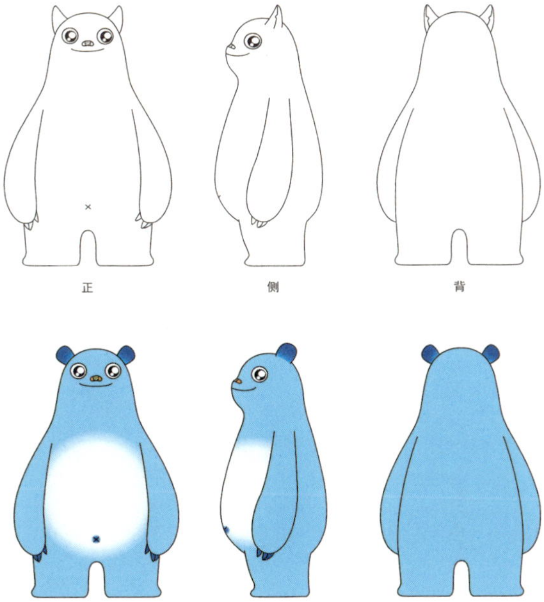

▲ 阿融三视图。

第 7 章
IP 时代

BIG EYE GOLD AND HIS FRIENDS

“大眼金”和他的朋友们

没有生动的、融入场景的 IP 形象，是无法真正将新体验和情感连接起来的。

玩呗是金地未来社区的一个产品系，是对未来美好生活场景做出新定义后社区场景的重构。一起玩是一种幸福的生活方式和生活态度。我们的研发中心和金地产品中心共同对基于新的价值观下的产品与场景进行梳理，为了能够进一步连接起和居民及消费者的情感，我们开始了玩呗产品系的 IP 形象开发。

“大眼金”的名字是希望能够与金地的品牌有更强的关联和映射，同时，我们基于金地“科学筑家”的品牌 Slogan 和公众一直对金地品牌的认知，构思了这一独特的形象，来延展出关于“理工男”“科技感”“智慧”与“好奇心”“爱玩”的人设形象。

“大眼金”的诞生，吸引了很多人的关注。我们开始将“大眼金”形象植入各种场景，例如社区的游戏场所、营销案场、营销事件和社区活动，“大眼金”成为场景中的新角色，不断与消费者和居民在不同维度上产生真实的触点。而与“大眼金”一起的鲸鱼乐园、大象舞台、蘑菇乐园等则成为它的核心场景，作为一种拥有想象力的大玩具，献给大小孩子们。乐园的主题形象与“大眼金”，逐渐成为他的朋友和家族，丰富了 IP 的角色与内容。

金地玩呗品牌 IP“大眼金”

- 2019 年 / 金地集团

▲ 选用小男孩作为“大眼金”IP 载体，可爱童趣的同时增添了男孩特有的一丝淘气，IP 头部选用摄像头的形状，深邃的蓝色眼睛设计，配上那一抹碎发以及圆滚滚的肚子，更具时代气息，打破年龄的限制，令玩呗 IP 形象更加亲民。

adidas

第 7 章
IP 时代

XIAO BAI FROM A NATURAL PARK

来自 16 号星球的小白

献给“100 岁以下的儿童”的世界

16 号星球是以环境教育为核心的未来学校品牌，它倡导不同年龄、不同背景的人，通过对环境的观察、探索、关爱和营造，去激发人们内心的好奇心，并发现自我的价值。所以它的口号和愿景为：献给“100 岁以下的儿童”的世界。而核心价值观是：自然、温暖与艺术。如何去为 16 号星球品牌打造 IP？我们从核心文化入手。这是 IP 设计的原点，我们用自然界中的蘑菇来象征弱小却有着顽强生命力的普通大众。

“小白”的形象是蘑菇的化身，她有着白色的身体和蘑菇状的耳朵，可以接收到来自不同地方的信息，哪怕再微弱的信息，都将被听到、被看到和被尊重，承载着自然、温暖和艺术的核心价值。而为了赋予它更多的角色，让它产生更多的连接，我们又创造了系列的形象，同样来自不同蘑菇的形态转变，成为蘑菇家族的 IP。

形象的产生和角色的设定是 IP 的第一步，IP 化下的场景是与消费者产生触点并建立情感连接的重要载体。我们将 16 号星球的线下学习和交流空间，以蘑菇乐园、城市雨林、自然博物、手工营造等独特的场景成为核心价值观的表达与内容的体验。

品牌的 IP 化，是一个漫长的孕育计划，希望未来的小白能成为代表新的学校和生活方式的超级 IP。

IP 小白

- 2018 年 / 16 号星球

▲ 小白有着长长的、蘑菇状的耳朵，可以接收很微弱的信息。

▲ 16 号星球小白受邀参加第六届自然嘉年华。

▲ 16 号星球小白受邀参加 2019 杭州天猫杯国际网球邀请赛。

THE CONNECTION BETWEEN THE BRAND AND THE LIFE SCENE

品牌与生活场景的连接

如何持续叠加不同场景和体验，是新消费背景下 IP 的新课题。

消费者手里捧着刚买的喜茶拍照发在朋友圈，另一群年轻人则排队半个小时，举着朋友圈里的照片对店员说：“要这个。”

如今，越来越多的品牌将自己的价值观和服务模式变成一种生活标签和社交货币，吸引更多的消费者加入并互动。有人将这种情况称为IP时代下的新场景。

01

IP 时代，传统产业如何让自己的产品内容、服务方式与消费者进行互动和情感交流，是每个传统企业面临的课题。

通过产品的全生命周期过程与客户建立连接，是品牌透过产品传递价值和情感的最佳途径。这是一种以体验为核心的传播，品牌的高度人格化可以成为事件、内容及情绪的载体。而其中基于品牌的 IP 开发，是和客户建立情感连接的第一步。

阿里巴巴是一家热衷于IP形象的公司，无论是天猫商城、菜鸟驿站、神马搜索、蚂蚁金服、飞猪旅行、盒马鲜生还是闲鱼，都是以动物作为 IP。网友曾将阿里巴巴旗下的产品戏称“阿里动物园”。之后，IT 公司也掀起 IP 形象的热潮。而究竟哪一些能成为 IP，哪一些却仅仅是吉祥物？形象本身其实无足轻重，重要的是形象背后的角色确立与应用场景。这也是基于企业品牌，文化和产品属性之下的情感化价值表达，它连接着品牌和消费者，连接着产品和事件，连接着形式和内容。

江小白是品牌 IP 化成功的例子。依靠从产品、渠道到文化塑造等一体化的 IP 建设，在白酒市场的红海中走出了不一样的道路。江小白的“表达瓶”“三五挚友”和“小聚，小饮，小时刻，小心情”的应用场景，实现了与消费者全面的情感化连接。

而作为坚果零售行业顶峰的三只松鼠，以宠萌的形象与角色，依靠泛娱乐化的植入，激发了受众内心深处的保护欲和亲近感，除了在消费者脑海中产生更深的印象之外，还需带给消费者更加强烈的情感连接。

02

被赋予个性的 IP，如何持续叠加不同场景和体验，是新消费背景下的新课题。

作为传统产业中的地产行业，如何让其价值观和产品与未来产生标签化的新场景？如何通过品牌去连接更多的忠实客户与粉丝？我们根据产品的不同属性，创造了不同的 IP 应用场景。

融创东南的首席服务官阿融，是只温暖、憨厚的大熊，但由于并不是那么小巧灵活，所以常常在给户主帮忙的时候被撞到、被砸到，每次受伤的总是鼻子，所以就有了现在贴着创可贴的蓝胖子阿融。阿融有时戴上眼镜、穿上西装，化身社区里的服务管家，为业主提供一站式服务；有时他操起剪刀，变身一名园艺师；有时他又成为爱捣鼓的维修师和陪小孩子一起玩的大玩伴。

这个热心的大暖男，正成为融创归心社区里一道独特的风景线。

金地玩呗的品牌代“颜”人“大眼金”，则是玩心满满、活力四射的小男孩。我们将“大眼金”IP 与游戏场景相结合，在更多的场地应用中进行了尝试——爱凑热闹的“大眼金”，扬起风帆、吹着海风、听着海浪，吃着海鲜……与自然海洋间来了场说走就走的旅行；调皮的“大眼金”，变身超级玛丽，穿梭于蘑菇丛林冒险岛中，按下身上的 G 按钮，为孩子们点亮梦幻蘑菇灯，带领孩子们体验一场丛林大冒险；有时，“大眼金”将脚步迈向未来宇宙，为孩子们开启了一个无限延伸的场地新时代，在浩瀚的宇宙一起寻找星星；有时，“大眼金”想和扇着翅膀的天马对话；有时还会受邀担任大象家族举办丛林音乐节的指挥官……

爱玩的“大眼金”，成为金地新玩乐场景中标志性的人物。

杭州的文创发源地 LOFT49，曾是浙江的文创艺术工厂。考虑到 LOFT49 工业时代的恢宏遗存和各种顶尖的艺术灵感，我们选择了现代时尚工业风格的发条蛙作为它的形象代言人。发条蛙源自儿时的铁皮玩具，也是那个时代接触的第一代文创产品，自带情感连接。它面部亲善的大眼睛和嘴角上扬的弧度，刚好削弱了机械肢体与金属光泽带来的冷峻感。“沉思者”的姿势既是向大师致敬，又代表杭州文创行思坐想的状态。发条蛙一经问世，迅速得到文化认同，成为 LOFT49 的灵魂性标志。

16 号星球的形象大使小白，则更多地出现在日常生活场景。小白的形象是蘑菇的化身，她有着白色的身体和蘑菇状的耳朵，可以接收到来自不同地方的信息。我们利用“小白的日常”系列故事，结合每一个熟悉的生活场景，一起探索以环境教育为核心的 16 号星球的奥秘。

IP 在不同生活场景中的应用，逐步强化品牌的体验感和代入感，从而深植于消费者心智。

03

IP 塑造是一个不断创造新内容和新消费场景的过程。在这个过程中，IP 自身也在不断迭代更新，不断变得年轻。

茑屋书店因为创造了新的消费场景和文化场景，已经成为一种生活方式，而不仅仅是贩卖图书。星巴克因为创造了一个使消费者感到放松、休闲的空间，已经成为一种不同于家庭和工作场所的生活方式，而不仅仅是销售咖啡，它因此一直稳坐咖啡界的头部 IP。

我们尝试将 IP 不断地运用于营销场景、产品场景和传播场景，让受众和品牌建立基于情感的连接，从而进入一种新的生活方式。金地玩呗“大眼金”，因为创造了新的社区游乐模式和新的玩乐场景，也正在吸引越来越多的粉丝加入。而小白 IP 的社区端，不断推出小白见面会、音乐会、美食趴、蘑菇家族互动等形式丰富的线下活动，创造了新的社区活动场景，也得到越来越多人的喜欢。

未来的中国消费市场，消费者的分化会更加明显，消费需求的多元将导致市场上出现更多新品牌。而在这样的市场环境中，企业更需要形成自己独特的符号，建立独特的消费场景。

我们所追求的并非 IP 本身，而是更完美的生活方式，以及与这种生活方式相连接的新的生活场景。这样的流量细小恒久，却能释放更加真实的能量。

我们相信，未来会有很多更完美的生活方式，很多品牌都值得再做一遍。

后记

PLANTING INSPIRATION
IN 20 YEARS

种植灵感二十年

/ 艾侠 *

安道设计的理念演进与事业观察

大约是十年前某个下午，我和安道设计的两位创始人曹宇英先生、赵涤烽先生聊起一个话题："未来设计公司的机遇在哪里？"

设计行业是智力服务，创意固然重要，但是未来仅仅是靠创意吗？不，那只是小型事务所的灵魂。我们隐隐约约意识到，未来真正占据高地的设计公司，是有规模、成体系的创意工厂。

其实，当时的安道只有八十名员工，业务模式较为单一。十年之后，设计行业的市场环境遭遇了多次起伏和危机，很多与安道同期的设计公司，或退出历史舞台，或收缩规模，而在不经意间，安道设计已经成长为五百多名设计师和多元化的业务格局的大型设计集团，这个规模不仅在浙江首屈一指，在全国整个行业也是独树一帜。

如今，常有同行也在向我打听：安道这家设计公司，个性鲜明，发展迅速，有什么秘诀？

其实哪里有什么秘诀。在我的观察中，但凡运作出色的设计企业，无非是在战略方向上的正确选择和坚持，而时间的沉积、市场的助力，会把这份耕耘逐级放大。

* 艾侠：业界知名的建筑评论人和研究学者，自 2010 年起，他以研究顾问的身份参与了安道设计的多项课题，是安道发展历程的见证者。

安道设计，用二十年向行业讲述了一个坚持创意、自然、智慧的企业向着理想和未来不断迈进，持续进阶为多元丰富的设计集团的成长故事。

理念进阶：景观的智慧与连接

距离安道设计上一本著作《幸福景观》至今已有差不多五年的时间，毫不夸张地说，这四年来安道的事业发展之快，超出了我们的预测，但与此同时，在紧密围绕创意的产品哲学内核上，又显得更加集中和强大。

如果追溯到安道初创时期，世纪之交的 2000 年，景观作为一门设计学科是存在理论争议的。

景观是什么？它到底是技术、艺术还是科学？如果把 Landscape 拆解来看，Land 意味着场所和居住在土地上的人类，Scape 则暗示着一种视野和人工的介入，表示一种协同、合作的关系——安道在成立之初，就把“景观”立意在表达人与场所之间的紧密关系上来作为设计服务的基础，这与很多学院派的传统观点是有差异的。当时很多国内的景观公司，还是局限在风景园林的范畴之内，或者是如何填充建筑之间的空地的一门美学。

大约从 2010 年起，安道加强了理论体系的研发工作，以及与行业前沿学术机构的合作。2011 年，著名学术期刊《时代建筑》为安道出版了分册《走向大景观》，确立了安道以景观的视角看待多学科连接互融的价值观，至今看来依然有前瞻意识。与此同时，安道通过对市场的预判，把设计业务聚焦到度假和高端住宅领域，连续三年在地产风向标《时代楼盘》杂志开设了度假社区研究专栏。

两年之后，安道设计第一本作品集《景观的智慧》在业界亮相。这本专著创造性地提出，景观设计需要运用更多的智慧，去处理与多个学科和利益体的关系——景观的意义在于作为一种容纳和安排复杂的城市活动的载体，为其他利益单元的协同平衡提供更好的可能。当年的互联网和移动端服务还没有今日如此发达，而安道已经前瞻性地预示了一个虚实场景相互结合连接人类社会行为的未来。

又过了两年，安道的概念图书《幸福景观》为普遍激进的设计和地产行业再次注入新鲜的观念。在环境心理学的研究基础上，安道提出将“幸福”作为一种设计目标，重塑人对环境的满足感和参与度。德国景观大师马丁 - 瑞卡诺（Martin Rein-Cano）当时这样评论：“曹宇英先生和他的同仁们，用自己独特的视角和语言，指出景观设计所可能面对的一种新思潮：以环境心理学和情景化设计为基础的幸福设计观；设计在保留记忆、制造惊喜、传递温情、释放自由的同时，为城市生活增添不可多得的幸福感。”

如今，这个理念再次进阶，一旦坚信景观的多元属性能发挥协调城市场景的作用，能够促进人与环境的丰富连接之时，“景观的连接”作为新时期的安道哲学，已经在引领这家企业驶入新的航程。

研发驱动：安道事业的前置引擎

用研发的投入来驱动专业能力和品牌力的双重提升，一直是我在行业内从事咨询工作的核心思路。幸运的事，这个理念与安道设计契合了多年，也产生了很多新的火花。

安道的研究体系由不同的品牌、不同的部门和集团的策划中心共同组成。这里每年都会出品大量的、带有观察和预测性质的研究文章，这些观点无一不展现出安道的集团智慧对整个社会可感知的物资环境的深入思考，从而激发了具体项目中针对特定问题的解决方案。

举例说来，地产示范区的设计，一直是景观设计师探索风格的前沿阵地。当中国的设计师们嗅着市场的趣味一路前行，做出越来越多的“奢华”设计之时，安道却觉得应该做一点“减法”。他们在“桂语东方”的设计中，用高度抽象、极简的现代主义，依然诠释出江南烟雨生活的多样遐想。项目建成之后，我们漫步庭院之中，一圈静水环绕着黑色细砂，场景虽然静态，灵动却蕴含其中。这个项目得到了包括世界建筑节在内的诸多国际奖项和媒体的青睐。

另一个研究实例来自一处多年失修的农业大棚。如何在有限的造价和快速的建造周期内，在不破坏原有场地环境的前提下，重新塑造现代化的生态综合体？这看似没有规律可循，却在三个月之内变成现实。安道旗下 ZAN 工作室设计的嘉兴“喜悦公社”用脚踏实地的思维能力，为中国农村的现代空间升级做出了范例。在未来，它会出现更多的版本，以一种艺术与消费结合的方式，轻松、愉悦、温暖地传递田园之美。

虽然呈现出一贯出众的创意灵感，安道的项目却无一例外地不是由预设的模型来驱动的。这里没有一本手册来指示如何在当代的中国城市做出激动人心的景观和建筑。每个安道的项目，都是由集散式的文化研究入手，用一种研发的观念来回应诸多的边界条件。在很多项目的初始时期，业主对于设计的目标是相当模糊的。优秀的设计公司则能够给出响应：充分、系统的前期研究，对于一个项目成功至关重要。

安道最新的作品“义乌社区早教中心”为我们呈现了一个意义深远的研究策略。设计创造出两个不同标高的游戏场地，在极其有限的空间局面内，形成了“一层内外庭院 + 二层开放回路”的复杂格局。场地的前身由两栋危房和几片空地凑成，多年以前是作为茶室使用。茶室意味着某种退休之后的闲暇休憩的静态空间；而幼儿园则暗示着不断生长的动态环境。这次改造所隐藏其中的一个目的，就是激发原本埋藏在孩童们潜意识里的天性：自我发现、冒险精神、无拘无束。多层次、多回路的空间增加了基于儿童行为学特征的探索体验。

研发需要信息，现在的媒体环境、教育环境、数字化环境，使得海量的信息随时唾手可得，然而用怎样的观念去处理、分析这些信息，得出对实践有意义的线索，却不是每个公司都能够做到的。在我的观察中，安道的所有研究均立足于三个出发点：其一，批判地思考以西方建筑学和景观学科为基础的方法论体系，为自身的实践不断注入东方的思维优势；其二，试图拓展景观学科本身的定义，突破专业的边界，让它呈现出与复杂世界的多个角度连接的缤纷格局；其三，从宏大的都市叙事中回归日常，在最细腻、可感知的触点上做出惊喜的改变。

16 号星球：独一无二的“灵感总部”

对安道而言，从来都不缺乏灵感和理念，但是在 2017 年之前，并没有一个具备充足说服力的实体场景可以展示这家企业的精神信念。于是，安道觉得需要一个新的总部，内生的环境需求推动了著名的“16 号星球”计划，堪称用工作空间回应企业哲学的范本。

安道在杭州北部的某个产业园里物色到了一个废弃的厂房，决意将其改造为容纳超过 300 人共同工作的新场所，用他们自己的话说：这样的行动最能体现公司更新改善城市空间的决心。可能灵感出于场地的门牌号码，安道将其总部命名为“16 号星球”，这个微妙的昵称饱含着对土地（Earth）的尊重：景观植根于大地，Earth 既是工作的对象也是保护的对象。在过去二十多年的快速城市化进程中，难免存在对环境不同程度的破坏，而安道总部试图通过设计去表达人类对赖以生存的大地环境的敬意和反思。

从搬家时刻起，安道设计就将“开放、互动、活力”三个关键词作为其总部空间营造的目标。其中最令人赞叹的一点，在于将层高最高、交通最便利的一层空间全部开放，作为完整的公共区域；员工的工作空间集中在二层和三层，通过钢结构搭建而成，围合出巨大的中庭空间，通过厂房屋顶的天窗获得最大程度的自然采光。

从远在美国加州的 Facebook、Google、Amazon，到近在杭州的安道 16 号星球，未来创意型企业的场景格局已经清晰呈现：员工无须严格地固守在格子间里，他们可以带上移动设备，尽情选择任何一处适合私人思考或多人会议的空间；办公室与其他空间也无须过多隔断，完全可以通过通透的玻璃、绿意盎然的植被进行分割，让大家彼此看见，感受自然的气息；工作与生活不再是八小时内外的界限，它们彼此相融，工作也成为生活不可分割的一部分。

这座总部已经使用了三年，它不仅赢得了员工的喜爱，各类文化机构、培训学院、影视拍摄都选中这里，它变成了杭州又一处网红打卡地。很多同事因为这个场地而决定加入安道工作，也有很多客户因为来访 16 号星球而信任了安道的设计理念。

集群创作：寻找动态可持续的组织基因

对于有才华的设计师而言，带领十几个员工做出一些好作品其实不难，难的是如何让更多有才华的设计师能够聚集在一起，持续地实现理想；而对安道两位创始人曹宇英先生、赵涤烽先生而言，宁可将个人的名望和受益让位于组织的成长，也要为从业人员提供优质的工作平台，为设计行业整体水准的进步而做出贡献，这些理念促成了公司在整体组织能力上的探索。

这个话题与安道的设计作品和设计哲学一样重要，因为集群化的创作所呈现的高水准，从世界一流的跨国设计公司来看，都需要强有力的组织保障。

2014 年起，安道就发现设计公司存在 100~200 人的组织瓶颈，也就是说，只有突破这个规模，才能让创意发挥更大的产能。公司组织了多次的管理研讨，从专业的分工、工作室的设定、运营和项目管理制度上，给出了更有适应力的变化，这些变化直接指向五百人以上的集团化组织。而在当年，中国的景观行业还没有任何一家公司做出这样的尝试。

幸运的是，安道的组织成长得益于在创始人之外的中坚力量的壮大——安道的第二代总监团队快速成长，强化了公司核心领导力量的脉搏。夏芬芬、朱伟、占敏三位设计总监在安道初创时期即加入公司，在设计师身份之外，他们分别在研发体系、运营体系、创意体系层面，承担了重要的组织角色。安道的装置艺术品牌 AHA 也是在这个时期诞生。

与此同时，徐扬、郑理明、焦清合等多位年轻的设计总监独当一面，带领业务部门持续壮大。随后，建筑师朱晓飞加入安道成立的 ZAN 工作室，使安道在规划和景观之外，有了新的空间操作能力。再后来，来自中国台湾的李素华加入，负责安道文创品牌“16 号星球”的持续运作。2015 年和 2018 年，安道分别在上海和武汉开设了分支机构，形成了长三角经济区与华中新兴市场相互呼应的组织格局。

在安道，建筑与景观、艺术与技术，彼此的边界一直是充分交织的。我们很难想象插画师、策划师、玩具工匠、创意餐厅、装置艺术家，可以和景观建筑师在同一个屋檐下共事。而如今，大家在一起享受工作的幸福，成为再自然不过的连接。

面对中国国情，由速度驱动（俗称高周转）的市场环境，给创意带来极大的压力，然而，不要被快速的发展压倒，反而要萌生出新的好奇心，持续反思现有的工作模式，任何时候都不要被预设的框架所限制——这反而成为安道组织基因中非常鲜明的特征。在一个动态、有机、共生的组织中，我们很快会看到第三代、九零后的设计和创意人才扮演起重要角色，步入更为绚烂的舞台，让我们拭目以待。

事业版图：塑造多品牌自然共生的格局

如今，一个多品牌的设计生态正在发生：装置艺术和户外儿童设施（AHA）、文旅运营和自然教育（16 号星球）、商业 IP 与文创研发（蘑菇文创）、城市更新和乡村营造（ZAN）、空间营造（鲸空间），被赋予到传统的景观设计和建筑设计业务之中，激发了跨专业的连接效应，在中国城市化步入存量经济和二次更新的时代，这些多元化的事业版图，可以为客户带来“策略、设计、运营、建造、教育、产品”六位一体的服务体系，展现出细致入微、变幻莫测的勃勃生机。

于是，我们在“美丽乡村”的时代浪潮中，看到了安道活跃的身影；我们在融创、金地、龙湖的商业 IP 开发上，看到了安道独特的创意；我们在从上海到南京的艺术展中，看到了安道的艺术贡献；我们在每年夏季的社区更新工作营和 16 号星球面向儿童的环境教育课程中，看到了一家企业热情洋溢的公益之心。

今日的安道，还是不是一家设计公司？这个问题似乎很难回答。如果把设计简单理解为提交方案、交付图纸，那显然这里不是传统的设计公司；而如果把“设计”理解为连接创意思维与实体环境的智力服务，那这里是不折不扣的最佳设计企业样本。从单纯的设计事务所到集团化运作的多品牌企业，从表象上看，这个进阶是企业壮大成长的裂变效应，从景观设计单一的产品线裂变到多维的产品谱系；但在表象之下，又可以发现聚变的内核，那是聚焦在文化创意为城市场景带来的价值主线之上，将设计理解为连接城市、自然、人文、艺术的关键路径，这个主线从安道创立之日起就未曾动摇。

安道是中国最早将景观的商业价值和客户体验做到卓越的设计公司之一，它的故事告诉我们，二十年时间足以将一家设计企业从零起点做到行业领先。我有幸参与和见证了这其中一半的历程，而未来的旅程依然漫长，依然值得用更丰富的线索去观察和期待。

图书在版编目（CIP）数据

景观的连接 / 安道设计编著 . -- 上海 : 同济大学出版社 , 2021.1
ISBN 978-7-5608-9661-8

Ⅰ . ①景… Ⅱ . ①安… Ⅲ . ①建筑设计－作品集－中国－现代 Ⅳ . ① TU206

中国版本图书馆 CIP 数据核字 (2020) 第 273397 号

景观的连接

编　　著：安道设计
总 策 划：曹宇英
编　　委：赵涤烽　朱　伟　占　敏　夏芬芬
执行编辑：赵　静　潘慧云
版面设计：周　晟　蒋瑜萍
书籍顾问：艾　侠
图片声明：本书发表的所有图片均由编著方安道设计（浙江安道设计股份有限公司）提供，安道设计（浙江安道设计股份有限公司）承诺对其拥有著作权和肖像使用权。

责任编辑　张　睿　责任校对　谢卫奋　封面绘制　曹启慧
出版发行：同济大学出版社（www.tongjipress.com.cn）
地　　址：上海市四平路 1239 号（200092）
电　　话：021-65985622
经　　销：全国各地新华书店
印　　刷：上海雅昌艺术印刷有限公司
开　　本：787mm × 1092mm　1/16
印　　张：20
字　　数：499 000
版　　次：2021 年 1 月第 1 版　2021 年 1 月第 1 次印刷
书　　号：ISBN 978-7-5608-9661-8
定　　价：199.00 元

安于心，道于行
感谢一路支持我们的客户
和所有的安道人

上架建议：园林景观

ISBN 978-7-5608-9661-8

9 787560 896618 >

定价：199.00元

同济大学出版社

景观的连接

The CONNECTION OF THE LANDSCAPE